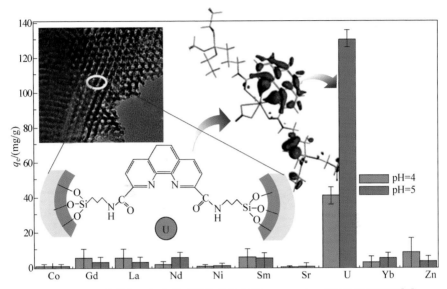

图 1.2　四配位基邻二氮杂菲酰胺化学修饰的 KIT-6 对 U(Ⅵ)的吸附研究[67]

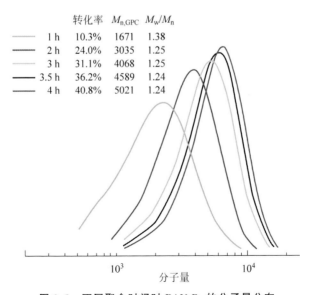

	转化率	$M_{n,GPC}$	M_w/M_n
1 h	10.3%	1671	1.38
2 h	24.0%	3035	1.25
3 h	31.1%	4068	1.25
3.5 h	36.2%	4589	1.24
4 h	40.8%	5021	1.24

图 2.3　不同聚合时间时 PAN-Br 的分子量分布

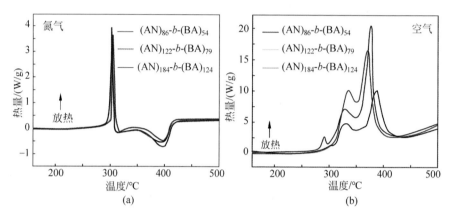

图 2.5　不同分子量 PAN-*b*-PBA 的 DSC 图谱

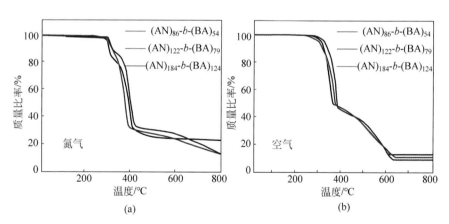

图 2.6　不同分子量 PAN-*b*-PBA 的热失重曲线

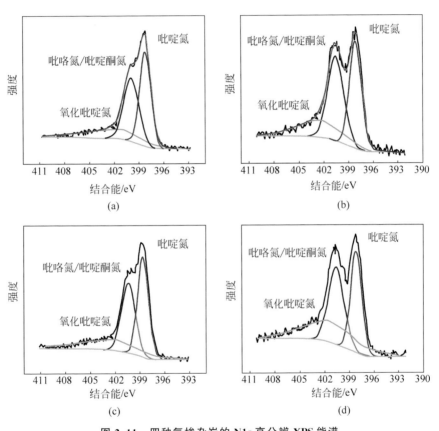

图 2.11　四种氮掺杂炭的 N1s 高分辨 XPS 能谱

（a）PANC-500；（b）PANC-800；（c）CTNC-500；（d）CTNC-800

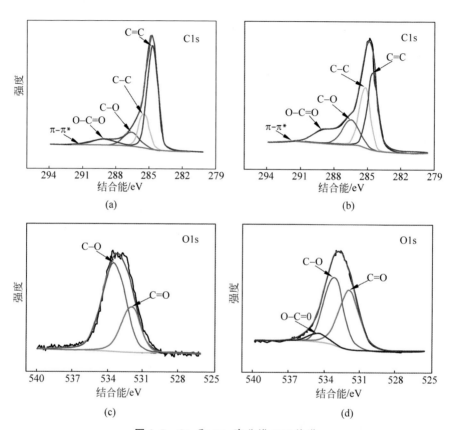

图 3.7 C1s 和 O1s 高分辨 XPS 能谱

（a）FDU-15 的 C1s 谱图；（b）表面氧化型 FDU-15 的 C1s 谱图；（c）FDU-15 的 O1s 谱图；
（d）表面氧化型 FDU-15 的 O1s 谱图

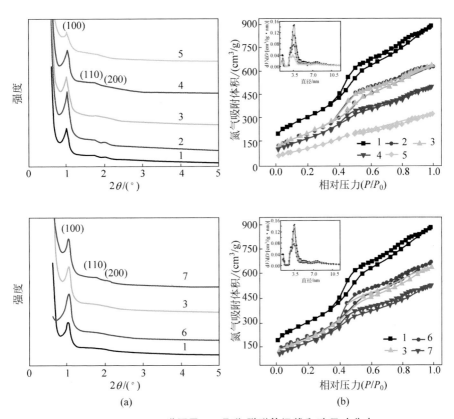

图 4.4　SAXRD 谱图及 N₂ 吸附-脱附等温线和孔尺寸分布

（a）SAXRD 谱图；（b）N₂ 吸附-脱附等温线及孔尺寸分布（嵌入图）

1—CMK-3；2—CMK-3-PDA-0.6-10；3—CMK-3-PDA-1.1-10；4—CMK-3-PDA-2.2-10；
5—CMK-3-PDA-4.4-10；6—CMK-3-PDA-1.1-5；7—CMK-3-PDA-1.1-24

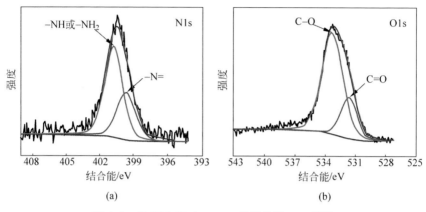

图 4.6 CMK-3-PDA-1.1-24 的高分辨 XPS 能谱

(a) N1s；(b) O1s

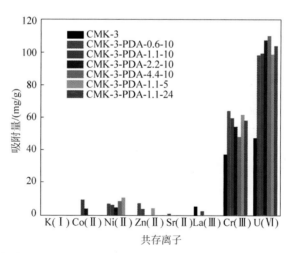

图 4.12 材料对铀的吸附选择性（pH＝5，θ＝28℃，t＝72 h，CMK-3 和 CMK-3-PDA 的 m/V 分别为 2 g/L 和 1 g/L）

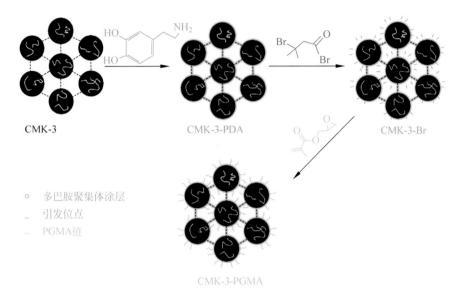

多巴胺聚集体涂层
引发位点
PGMA链

图 5.1   CMK-3/聚甲基丙烯酸缩水甘油酯的制备过程

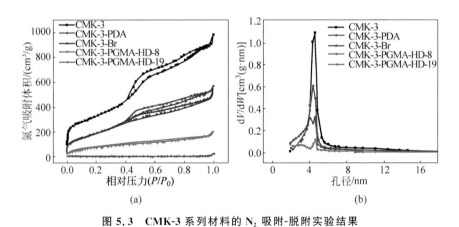

(a)   (b)

图 5.3   CMK-3 系列材料的 N₂ 吸附-脱附实验结果

（a）CMK-3 系列材料的 N₂ 吸附-脱附等温线；（b）CMK-3 系列材料的孔尺寸分布

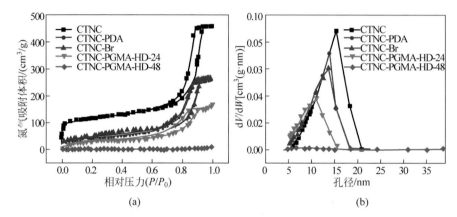

图 5.4　CTNC 系列材料的 N$_2$ 吸附-脱附实验结果

（a）CTNC 系列材料的 N$_2$ 吸附-脱附等温线；（b）CTNC 系列材料的孔尺寸分布

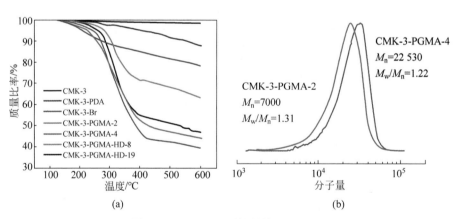

图 5.5　CMK-3 系列材料的 TGA 结果

（a）CMK-3 系列材料的热失重曲线；（b）游离聚合物的分子量分布

一流博士生教育
体现一流大学人才培养的高度（代丛书序）①

　　人才培养是大学的根本任务。只有培养出一流人才的高校，才能够成为世界一流大学。本科教育是培养一流人才最重要的基础，是一流大学的底色，体现了学校的传统和特色。博士生教育是学历教育的最高层次，体现出一所大学人才培养的高度，代表着一个国家的人才培养水平。清华大学正在全面推进综合改革，深化教育教学改革，探索建立完善的博士生选拔培养机制，不断提升博士生培养质量。

学术精神的培养是博士生教育的根本

　　学术精神是大学精神的重要组成部分，是学者与学术群体在学术活动中坚守的价值准则。大学对学术精神的追求，反映了一所大学对学术的重视、对真理的热爱和对功利性目标的摒弃。博士生教育要培养有志于追求学术的人，其根本在于学术精神的培养。

　　无论古今中外，博士这一称号都和学问、学术紧密联系在一起，和知识探索密切相关。我国的博士一词起源于 2000 多年前的战国时期，是一种学官名。博士任职者负责保管文献档案、编撰著述，须知识渊博并负有传授学问的职责。东汉学者应劭在《汉官仪》中写道："博者，通博古今；士者，辩于然否。"后来，人们逐渐把精通某种职业的专门人才称为博士。博士作为一种学位，最早产生于 12 世纪，最初它是加入教师行会的一种资格证书。19 世纪初，德国柏林大学成立，其哲学院取代了以往神学院在大学中的地位，在大学发展的历史上首次产生了由哲学院授予的哲学博士学位，并赋予了哲学博士深层次的教育内涵，即推崇学术自由、创造新知识。哲学博士的设立标志着现代博士生教育的开端，博士则被定义为独立从事学术研究、具备创造新知识能力的人，是学术精神的传承者和光大者。

---

　　①　本文首发于《光明日报》，2017 年 12 月 5 日。

博士生学习期间是培养学术精神最重要的阶段。博士生需要接受严谨的学术训练，开展深入的学术研究，并通过发表学术论文、参与学术活动及博士论文答辩等环节，证明自身的学术能力。更重要的是，博士生要培养学术志趣，把对学术的热爱融入生命之中，把捍卫真理作为毕生的追求。博士生更要学会如何面对干扰和诱惑，远离功利，保持安静、从容的心态。学术精神，特别是其中所蕴含的科学理性精神、学术奉献精神，不仅对博士生未来的学术事业至关重要，对博士生一生的发展都大有裨益。

独创性和批判性思维是博士生最重要的素质

博士生需要具备很多素质，包括逻辑推理、言语表达、沟通协作等，但是最重要的素质是独创性和批判性思维。

学术重视传承，但更看重突破和创新。博士生作为学术事业的后备力量，要立志于追求独创性。独创意味着独立和创造，没有独立精神，往往很难产生创造性的成果。1929年6月3日，在清华大学国学院导师王国维逝世二周年之际，国学院师生为纪念这位杰出的学者，募款修造"海宁王静安先生纪念碑"，同为国学院导师的陈寅恪先生撰写了碑铭，其中写道："先生之著述，或有时而不章；先生之学说，或有时而可商；惟此独立之精神，自由之思想，历千万祀，与天壤而同久，共三光而永光。"这是对于一位学者的极高评价。中国著名的史学家、文学家司马迁所讲的"究天人之际，通古今之变，成一家之言"也是强调要在古今贯通中形成自己独立的见解，并努力达到新的高度。博士生应该以"独立之精神、自由之思想"来要求自己，不断创造新的学术成果。

诺贝尔物理学奖获得者杨振宁先生曾在20世纪80年代初对到访纽约州立大学石溪分校的90多名中国学生、学者提出："独创性是科学工作者最重要的素质。"杨先生主张做研究的人一定要有独创的精神、独到的见解和独立研究的能力。在科技如此发达的今天，学术上的独创性变得越来越难，也愈加珍贵和重要。博士生要树立敢为天下先的志向，在独创性上下功夫，勇于挑战最前沿的科学问题。

批判性思维是一种遵循逻辑规则、不断质疑和反省的思维方式，具有批判性思维的人勇于挑战自己，敢于挑战权威。批判性思维的缺乏往往被认为是中国学生特有的弱项，也是我们在博士生培养方面存在的一个普遍问题。2001年，美国卡内基基金会开展了一项"卡内基博士生教育创新计划"，针对博士生教育进行调研，并发布了研究报告。该报告指出：在美国和欧洲,培养学生保持批判而质疑的眼光看待自己、同行和导师的观点同样非常不容易,批判性思维的培养必须成为博士生培养项目的组成部分。

对于博士生而言,批判性思维的养成要从如何面对权威开始。为了鼓励学生质疑学术权威、挑战现有学术范式,培养学生的挑战精神和创新能力,清华大学在 2013 年发起"巅峰对话",由学生自主邀请各学科领域具有国际影响力的学术大师与清华学生同台对话。该活动迄今已经举办了 21 期,先后邀请 17 位诺贝尔奖、3 位图灵奖、1 位菲尔兹奖获得者参与对话。诺贝尔化学奖得主巴里·夏普莱斯(Barry Sharpless)在 2013 年 11 月来清华参加"巅峰对话"时,对于清华学生的质疑精神印象深刻。他在接受媒体采访时谈道:"清华的学生无所畏惧,请原谅我的措辞,但他们真的很有胆量。"这是我听到的对清华学生的最高评价,博士生就应该具备这样的勇气和能力。培养批判性思维更难的一层是要有勇气不断否定自己,有一种不断超越自己的精神。爱因斯坦说:"在真理的认识方面,任何以权威自居的人,必将在上帝的嬉笑中垮台。"这句名言应该成为每一位从事学术研究的博士生的箴言。

提高博士生培养质量有赖于构建全方位的博士生教育体系

一流的博士生教育要有一流的教育理念,需要构建全方位的教育体系,把教育理念落实到博士生培养的各个环节中。

在博士生选拔方面,不能简单按考分录取,而是要侧重评价学术志趣和创新潜力。知识结构固然重要,但学术志趣和创新潜力更关键,考分不能完全反映学生的学术潜质。清华大学在经过多年试点探索的基础上,于 2016 年开始全面实行博士生招生"申请-审核"制,从原来的按照考试分数招收博士生,转变为按科研创新能力、专业学术潜质招收,并给予院系、学科、导师更大的自主权。《清华大学"申请-审核"制实施办法》明晰了导师和院系在考核、遴选和推荐上的权力和职责,同时确定了规范的流程及监管要求。

在博士生指导教师资格确认方面,不能论资排辈,要更看重教师的学术活力及研究工作的前沿性。博士生教育质量的提升关键在于教师,要让更多、更优秀的教师参与到博士生教育中来。清华大学从 2009 年开始探索将博士生导师评定权下放到各学位评定分委员会,允许评聘一部分优秀副教授担任博士生导师。近年来,学校在推进教师人事制度改革过程中,明确教研系列助理教授可以独立指导博士生,让富有创造活力的青年教师指导优秀的青年学生,师生相互促进、共同成长。

在促进博士生交流方面,要努力突破学科领域的界限,注重搭建跨学科的平台。跨学科交流是激发博士生学术创造力的重要途径,博士生要努力提升在交叉学科领域开展科研工作的能力。清华大学于 2014 年创办了"微沙龙"平台,同学们可以通过微信平台随时发布学术话题,寻觅学术伙伴。3 年来,博士生参与和发起"微沙龙"12 000 多场,参与博士生达 38 000 多人次。"微沙龙"促进了不同学科学生之间的思想碰撞,激发了同学们的学术志趣。清华于 2002 年创办了博士生论坛,论坛由同学自己组织,师生共同参与。博士生论坛持续举办了 500 期,开展了 18 000 多场学术报告,切实起到了师生互动、教学相长、学科交融、促进交流的作用。学校积极资助博士生到世界一流大学开展交流与合作研究,超过 60% 的博士生有海外访学经历。清华于 2011 年设立了发展中国家博士生项目,鼓励学生到发展中国家亲身体验和调研,在全球化背景下研究发展中国家的各类问题。

在博士学位评定方面,权力要进一步下放,学术判断应该由各领域的学者来负责。院系二级学术单位应该在评定博士论文水平上拥有更多的权力,也应担负更多的责任。清华大学从 2015 年开始把学位论文的评审职责授权给各学位评定分委员会,学位论文质量和学位评审过程主要由各学位分委员会进行把关,校学位委员会负责学位管理整体工作,负责制度建设和争议事项处理。

全面提高人才培养能力是建设世界一流大学的核心。博士生培养质量的提升是大学办学质量提升的重要标志。我们要高度重视、充分发挥博士生教育的战略性、引领性作用,面向世界、勇于进取,树立自信、保持特色,不断推动一流大学的人才培养迈向新的高度。

邱勇

清华大学校长

2017 年 12 月 5 日

丛书序二

以学术型人才培养为主的博士生教育,肩负着培养具有国际竞争力的高层次学术创新人才的重任,是国家发展战略的重要组成部分,是清华大学人才培养的重中之重。

作为首批设立研究生院的高校,清华大学自 20 世纪 80 年代初开始,立足国家和社会需要,结合校内实际情况,不断推动博士生教育改革。为了提供适宜博士生成长的学术环境,我校一方面不断地营造浓厚的学术氛围,一方面大力推动培养模式创新探索。我校从多年前就已开始运行一系列博士生培养专项基金和特色项目,激励博士生潜心学术、锐意创新,拓宽博士生的国际视野,倡导跨学科研究与交流,不断提升博士生培养质量。

博士生是最具创造力的学术研究新生力量,思维活跃,求真求实。他们在导师的指导下进入本领域研究前沿,吸取本领域最新的研究成果,拓宽人类的认知边界,不断取得创新性成果。这套优秀博士学位论文丛书,不仅是我校博士生研究工作前沿成果的体现,也是我校博士生学术精神传承和光大的体现。

这套丛书的每一篇论文均来自学校新近每年评选的校级优秀博士学位论文。为了鼓励创新,激励优秀的博士生脱颖而出,同时激励导师悉心指导,我校评选校级优秀博士学位论文已有 20 多年。评选出的优秀博士学位论文代表了我校各学科最优秀的博士学位论文的水平。为了传播优秀的博士学位论文成果,更好地推动学术交流与学科建设,促进博士生未来发展和成长,清华大学研究生院与清华大学出版社合作出版这些优秀的博士学位论文。

感谢清华大学出版社,悉心地为每位作者提供专业、细致的写作和出版指导,使这些博士论文以专著方式呈现在读者面前,促进了这些最新的优秀研究成果的快速广泛传播。相信本套丛书的出版可以为国内外各相关领域或交叉领域的在读研究生和科研人员提供有益的参考,为相关学科领域的发展和优秀科研成果的转化起到积极的推动作用。

感谢丛书作者的导师们。这些优秀的博士学位论文，从选题、研究到成文，离不开导师的精心指导。我校优秀的师生导学传统，成就了一项项优秀的研究成果，成就了一大批青年学者，也成就了清华的学术研究。感谢导师们为每篇论文精心撰写序言，帮助读者更好地理解论文。

感谢丛书的作者们。他们优秀的学术成果，连同鲜活的思想、创新的精神、严谨的学风，都为致力于学术研究的后来者树立了榜样。他们本着精益求精的精神，对论文进行了细致的修改完善，使之在具备科学性、前沿性的同时，更具系统性和可读性。

这套丛书涵盖清华众多学科，从论文的选题能够感受到作者们积极参与国家重大战略、社会发展问题、新兴产业创新等的研究热情，能够感受到作者们的国际视野和人文情怀。相信这些年轻作者们勇于承担学术创新重任的社会责任感能够感染和带动越来越多的博士生，将论文书写在祖国的大地上。

祝愿丛书的作者们、读者们和所有从事学术研究的同行们在未来的道路上坚持梦想，百折不挠！在服务国家、奉献社会和造福人类的事业中不断创新，做新时代的引领者。

相信每一位读者在阅读这一本本学术著作的时候，在吸取学术创新成果、享受学术之美的同时，能够将其中所蕴含的科学理性精神和学术奉献精神传播和发扬出去。

清华大学研究生院院长

2018 年 1 月 5 日

导师序言

铀是核燃料循环中关键的放射性元素之一。开发高效的铀分离富集材料对核燃料的回收利用及降低铀对环境和人类健康的影响具有重要意义。目前,研究人员已开发了一系列铀分离富集材料,包括矿石、生物材料、高分子材料、无机纳米材料等,其中,介孔炭材料具有良好的化学稳定性、热稳定性和辐射稳定性及优异的结构性质,在铀吸附分离领域具有一定潜力。这篇博士学位论文主要介绍了四种不同介孔炭基吸附材料的制备,包括骨架氮掺杂型介孔炭、表面氧化型介孔炭、多巴胺聚集体沉积型介孔炭和聚合物接枝型介孔炭,并系统研究了不同介孔炭基吸附材料对铀的吸附性能。

在骨架氮掺杂型介孔炭研究方面,本书进一步改进了自组装软模板聚丙烯腈-b-聚丙烯酸正丁酯(PAN-b-PBA)嵌段共聚物的合成方法,通过催化剂再生的原子转移自由基聚合技术(ATRP)实现了 PAN-b-PBA 的可控合成,并得到了不同结构性质和氮含量的氮掺杂介孔炭。同时系统研究了骨架氮掺杂型介孔炭对铀的吸附性能。在表面氧化型介孔炭研究方面,系统研究了过硫酸铵氧化后介孔炭形貌、比表面积等结构性质和元素组成、功能基团分布等表面化学特性,以及对铀的吸附性能。针对多巴胺聚集体沉积型介孔炭,首次将生物分泌的多巴胺引入介孔炭的表面功能化领域,制备了结构性质保持良好、功能基团接枝密度高且可调的多巴胺聚集体沉积型介孔炭,并系统研究了其对铀的吸附性能。而在聚合物接枝型介孔炭研究方面,建立了一种多巴胺化学耦合引发剂连续再生催化剂型 ATRP 改性介孔炭的制备方法,实现了聚甲基丙烯酸缩水甘油酯接枝型介孔炭的可控制备。此外,还采用对铀具有良好配位作用的乙二胺对 PGMA 接枝型介孔炭进行共价修饰,研究了其对铀的吸附性能。这些研究表明,介孔炭基吸附材料在铀分离富集方面具有重要研究价值和较大的应用潜力。

本书研究内容涉及范围较广,涵盖放射化学、纳米材料、高分子化学、表面化学和环境化学等多个学科的知识,相信本书对纳米炭材料制备及功能化、高分子合成、金属离子吸附分离等领域的研究人员具有重要的参考价值。

摘 要

　　铀的富集分离是缓解铀资源短缺和解决铀污染问题的有效途径。吸附法在铀的富集分离研究领域得到了广泛的关注,但高效吸附材料的开发仍是制约其实际应用的关键因素。介孔炭具有均一的介孔通道和高比表面积,以及良好的机械、化学和辐照稳定性等特点,在铀的吸附分离方面具有一定的潜力。但目前介孔炭的功能化方法比较单一,限制了其吸附分离性能。基于此,本书的研究分别采用骨架氮掺杂、表面氧化、多巴胺聚集体沉积和聚甲基丙烯酸缩水甘油酯可控生长等方法制备了多种功能化介孔炭,并系统研究和比较了不同介孔炭对铀的吸附性能,取得的创新性成果包括:

　　(1)采用催化剂再生的原子转移自由基聚合技术实现了聚丙烯腈-b-聚丙烯酸正丁酯的可控合成。以 PAN-b-PBA 为软模板,制备了不同结构性质和氮含量的骨架氮掺杂型介孔炭,并研究了其对铀的吸附性能。

　　(2)制备过硫酸铵表面氧化型有序介孔炭 FDU-15,深入分析了其表面化学。结果表明,过硫酸铵能够使 FDU-15 表面产生大量羧基、羟基和酯基等含氧基团,增强其对铀的吸附性能。

　　(3)首次将生物分泌的多巴胺引入有序介孔炭功能化领域,成功构建功能基团沉积密度可调的多巴胺聚集体沉积型介孔炭(CMK-3)。该材料具有高密度的含氮($4.7\ \mu\mathrm{mol/m^2}$)和含氧($9.3\ \mu\mathrm{mol/m^2}$)功能基团,并表现出较强的铀吸附能力。

　　(4)建立多巴胺化学耦合引发剂连续再生催化剂型(ICAR)ATRP 改性介孔炭的方法,实现可进一步共价修饰的 PGMA 接枝型介孔炭的可控制备。

　　(5)实现 PGMA 接枝型 CMK-3 的乙二胺共价修饰,并系统研究了其对铀的吸附性能。

　　比较而言,乙二胺修饰的 PGMA 接枝型 CMK-3 对铀具有最优的吸附性能,说明多巴胺化学耦合 ICARATRP 是非常有效的介孔炭表面改性方法。表面氧化型 FDU-15 对铀也具有较好的吸附性能,但氧化法涉及高温和腐蚀性试剂的使用,耗能高且环境不友好。多巴胺聚集体沉积型 CMK-3 对铀的吸附能力强于表面氧化型 FDU-15,且其制备过程更简便、温和和高效。氮掺杂介孔炭的吸附能力弱于上述功能化介孔炭,但强于 FDU-15 和 CMK-3。本书为功能化介孔炭的制备提供了更多新思路,并显著提高了介孔炭基材料在铀吸附分离方面的性能。

关键词:介孔炭;功能化;原子转移自由基聚合;铀吸附

Abstract

Preconcentration and separation of uranium is an effective way for relieving the shortage of uranium resources, as well as for uranium decontamination. As an efficient method, preconcentration and separation of uranium by using solid adsorbents has been widely studied. However, to realize the industrial application of this method, high-efficiency adsorbents need to be developed. Among various adsorbents, mesoporous carbons show the potential on separation of uranium due to uniform pore channels, high specific surface area, good mechanical stability, excellent chemical stability and radiation resistance. But limited approaches for the functionalization of mesoporous carbons hinder their application as adsorbents. In this book, a variety of functionalization methods, including nitrogen doping in the framework, surface oxidation, deposition of polydopamine (PDA) and controlled growth of poly (glycidyl methacrylate) (PGMA), were developed to prepare novel functional mesoporous carbons. Furthermore, adsorption performances of different types of functional mesoporous carbons to uranium were systematically studied. Innovative achievements of this book are listed below.

(1) Various polyacrylonitrile-*b*-poly (butyl acrylate) (PAN-*b*-PBA) with different chain length were synthesized by activitors regenerated atom transfer radical polymerization (ATRP), which were used as soft templates to prepare nitrogen doped mesoporous carbons, also named as copolymer-templated nitrogen-enriched carbons (CTNCs).

(2) Uranium adsorption by the CTNCs with different structure properties and nitrogen contents were studied. Secondly, ammonium persulfate (APS) was used to treat ordered mesoporous carbon (FDU-15), and surface chemistry of the oxidized FDU-15 was deeply researched. The

results showed that large amounts of oxygen-containing groups were generated on the surface of FDU-15 during the APS treatment, resulting in significantly improved adsorption ability to uranium.

(3) Bioinspired dopamine was, for the first time, employed for the functionalization of ordered mesoporous carbons, which realized the preparation of PDA deposited ordered mesoporous carbon (CMK-3). The grafting densities of functional groups could be easily adjusted. It was verified that PDA deposited CMK-3 possessed high grafting densities of nitrogen-containing and oxygen-containing groups as well as good adsorption abilities to uranium.

(4) The integrated technique of initiators for continuous activator regeneration(ICAR) ATRP and bioinspired PDA chemistry was established for controlled preparation of PGMA grafted mesoporous carbons, which allowed further covalent modification.

(5) Ethylene diamine (EDA) was covalently attached to the PGMA grafted CMK-3. Adsorption performance of EDA modified PGMA grafted CMK-3 to uranium was systematically researched.

Comparatively, EDA modified PGMA grafted CMK-3 showed the best adsorption performance to uranium, suggesting that the integrated technique of ICAR ATRP and bioinspired PDA chemistry is a promising method for preparation of functional mesoporous carbons. Oxidized FDU-15 also showed relatively strong adsorption abilities to uranium, while the preparation was involved with high temperature and corrosive reagents, leading to high energy consumption and not environmentally friendly. Compared with surface oxidation, PDA deposition was demonstrated to be a simple, mild and efficient method for functionalization of mesoporous carbons. And, PDA deposited CMK-3 possessed stronger uranium adsorption abilities than oxidized FDU-15. Adsorption ability of CTNC was weaker than surface functionalized mesoporous carbons, but stronger than FDU-15 and CMK-3. Overall, this book provides new methodologies for the preparation of functional mesoporous carbons, and dramatically improves uranium adsorption performance of mesoporous carbons-based adsorbents.

Key words: mesoporous carbons; functionalization; ATRP; Uranium adsorption

缩略语及主要符号对照表

缩略语

AIBN	偶氮二异丁腈（a,a'-azoisobutyronitrile）
AN	丙烯腈（acrylonitrile）
ATRP	原子转移自由基聚合（atom transfer radical polymerization）
BA	丙烯酸正丁酯（n-butyl acrylate）
BiBB	溴代异丁酰溴（2-bromoisobutyryl bromide）
BPN	溴丙腈（bromopropionitrile）
CO_2	二氧化碳（carbon dioxide）
DFT	密度泛函理论（density functional theory）
DMF	N，N-二甲基甲酰胺（dimethylformamide）
DMSO	二甲基亚砜（dimethyl sulfoxide）
DSC	差示扫描量热仪（differential scanning calorimetry）
EA	元素分析（elemental analysis）
EBiB	2-溴异丁酸乙酯（ethyl 2-bromoisobutyrate）
EDA	乙二胺（ethylene diamine）
EISA	溶剂挥发诱导自组装（evaporation-induced self assembly）
EXAFS	延伸 X 射线吸收精细结构（extended X-ray absorption fine structure）
FTIR	傅里叶变换红外光谱仪（Fourier transform-infrared spectroscopy）
GMA	甲基丙烯酸缩水甘油酯（glycidyl methacrylate）
GPC	凝胶渗透色谱法（gel permeation chromatography）
ICAR ATRP	引发剂连续再生催化剂型原子转移自由基聚合（initiators for continuous activators regeneration ATRP）
ICP-AES	电感耦合等离子体原子发射光谱法（inductively coupled plasma-atomic emission spectrometry）

NMR   核磁共振波谱(nuclear magnetic resonance)

PAN   聚丙烯腈(polyacrylonitrile)

PAN-*b*-PBA   聚丙烯腈-*b*-聚丙烯酸丁酯嵌段共聚物(polyacrylonitrile-block-poly(butyl acrylate))

PBA   聚丙烯酸正丁酯(poly(butyl acrylate))

PDA   多巴胺聚集体(polydopamine)

PEO-*b*-PPO-*b*-PEO (Pluronic P123)   聚氧乙烯-*b*-聚丙乙烯-*b*-聚氧乙烯(polyethylene oxide-block-polypropylene oxide-block-polyethylene oxide)

PGMA   聚甲基丙烯酸缩水甘油酯(poly(glycidyl methacrylate))

PMMA   聚甲基丙烯酸甲酯(polymethyl methacrylate)

PS-*b*-P4VP   聚苯乙烯-*b*-聚(4-乙烯基吡啶)(poly(styrene)-block-poly(4-vinylpyridine))

SARA ATRP   补充催化剂和还原剂型原子转移自由基聚合(supplemental activator and reducing agent ATRP)

SAXRD   小角X-射线衍射(small-angle X-ray diffraction)

SEM   扫描电子显微镜(scanning electron microscope)

SET-LRP   单电子转移活性自由基聚合(single electron transfer-living radical polymerization)

TEA   三乙胺(triethylamine)

TEM   透射电子显微镜(transmission electron microscope)

TGA   热重分析(thermogravimetric analysis)

THF   四氢呋喃(tetrahydrofuran)

TPMA   三(2-吡啶甲基)胺(tris(2-pyridylmethyl)amine)

Tris   三羟甲基氨基甲烷(tris(hydroxymethyl)aminomethane)

XPS   X-射线光电子能谱(X-ray photoelectron spectroscopy)

主要符号对照表

θ 温度

C_0 初始铀浓度

C_t 吸附时间为 t 时铀浓度

C_e 平衡吸附浓度

D   脱附率

K_d 分配比

K_F	Freundlich 吸附常数
K_L	Langmuir 吸附常数
k_1	拟一级动力学模型吸附速率常数
k_2	拟二级动力学模型吸附速率常数
M_n	数均分子量
M_w	重均分子量
m	分子质量
n	吸附强度
p	压强
p_0	临界点压强
Q	吸附量
Q_e	平衡吸附量
Q_m	最大单层吸附量
Q_t	吸附时间为 t 时的吸附量
R^2	相关性系数
S	选择系数
t	时间
V	体积

目　录

第1章　引言 ··· 1

　1.1　研究背景 ··· 1

　　　1.1.1　核电发展与铀资源的开发利用 ···················· 1

　　　1.1.2　铀污染的产生及其危害 ·························· 2

　　　1.1.3　铀富集分离的意义 ····························· 3

　1.2　铀富集分离方法简介 ···································· 3

　　　1.2.1　絮凝沉淀法 ································· 4

　　　1.2.2　蒸发浓缩法 ································· 4

　　　1.2.3　离子交换法 ································· 4

　　　1.2.4　膜分离法 ·································· 5

　　　1.2.5　吸附法 ···································· 5

　1.3　铀吸附材料 ··· 5

　　　1.3.1　矿石 ····································· 6

　　　1.3.2　生物材料 ·································· 7

　　　1.3.3　高分子材料 ································· 8

　　　1.3.4　无机纳米材料 ······························ 10

　1.4　介孔炭 ·· 15

　　　1.4.1　介孔炭的制备 ······························ 15

　　　1.4.2　介孔炭的功能化 ···························· 19

　　　1.4.3　介孔炭在放射性核素吸附领域的应用 ············ 26

　1.5　选题意义和研究内容 ···································· 29

第2章　骨架氮掺杂型介孔炭的制备及对铀的吸附性能 ············ 31

　2.1　引言 ··· 31

　2.2　实验部分 ··· 32

　　　2.2.1　实验试剂 ·································· 32

  2.2.2 材料制备 ··· 33

  2.2.3 仪器与表征方法 ······································ 34

  2.2.4 吸附实验 ··· 35

 2.3 结果与讨论 ··· 36

  2.3.1 嵌段共聚物 PAN-b-PBA 的合成 ··········· 36

  2.3.2 嵌段共聚物 PAN-b-PBA 的热学分析 ······ 39

  2.3.3 采用不同链长的 PAN-b-PBA 为模板制备氮掺杂

     介孔炭 ··· 41

  2.3.4 不同碳化温度制备四种氮掺杂炭吸附材料 ··· 43

  2.3.5 pH 对材料吸附铀性能的影响 ··············· 46

  2.3.6 材料对铀的吸附选择性 ··························· 48

 2.4 小结 ··· 48

第 3 章 表面氧化型介孔炭的制备及对铀的吸附性能 ············ 50

 3.1 引言 ··· 50

 3.2 实验部分 ··· 51

  3.2.1 实验试剂 ··· 51

  3.2.2 材料制备 ··· 52

  3.2.3 仪器与表征方法 ····································· 52

  3.2.4 吸附实验 ··· 53

 3.3 结果与讨论 ··· 55

  3.3.1 材料的结构性质 ····································· 55

  3.3.2 材料的元素组成和含氧功能基团分布 ······ 57

  3.3.3 pH 对材料吸附铀性能的影响 ··············· 62

  3.3.4 材料对铀的吸附动力学 ··························· 63

  3.3.5 材料对铀的吸附等温线 ··························· 64

  3.3.6 材料对铀的吸附选择性 ··························· 66

  3.3.7 材料的铀脱附测试 ································· 67

 3.4 小结 ··· 67

第 4 章 多巴胺聚集体沉积型介孔炭的制备及对铀的吸附性能 ··· 69

 4.1 引言 ··· 69

 4.2 实验部分 ··· 71

4.2.1　实验试剂 ······················· 71

4.2.2　材料制备 ······················· 71

4.2.3　仪器与表征方法 ··············· 72

4.2.4　吸附实验 ······················· 72

4.3　结果与讨论 ······························· 74

4.3.1　材料的结构性质 ··············· 74

4.3.2　材料的元素组成和功能基团分布 ······· 78

4.3.3　不同材料对铀的吸附性能 ······· 81

4.3.4　pH 对材料吸附铀性能的影响 ······· 81

4.3.5　材料对铀的吸附动力学 ········· 82

4.3.6　材料对铀的吸附等温线 ········· 83

4.3.7　材料对铀的吸附选择性 ········· 85

4.3.8　材料复用性能 ··················· 86

4.4　小结 ····································· 87

第 5 章　聚合物接枝型介孔炭的可控制备 ········ 88

5.1　引言 ····································· 88

5.2　实验部分 ································· 90

5.2.1　实验试剂 ······················· 90

5.2.2　材料制备 ······················· 91

5.2.3　仪器与表征方法 ··············· 92

5.3　结果与讨论 ······························· 93

5.3.1　两种介孔炭的结构特性 ········· 93

5.3.2　介孔炭的多巴胺聚集体沉积 ····· 94

5.3.3　介孔炭的 ATRP 引发剂接枝 ····· 95

5.3.4　PGMA 接枝型介孔炭的可控制备 ····· 97

5.4　小结 ····································· 100

第 6 章　聚合物接枝型介孔炭的乙二胺共价修饰及对铀的吸附性能 ··· 102

6.1　引言 ····································· 102

6.2　实验部分 ································· 103

6.2.1　实验试剂 ······················· 103

6.2.2　材料制备 ······················· 103

　　　6.2.3　仪器与表征方法 ……………………………… 104

　　　6.2.4　吸附实验 …………………………………… 104

　　6.3　结果与讨论 ……………………………………… 106

　　　6.3.1　材料的元素组成和功能基团分布 …………… 106

　　　6.3.2　pH 对材料吸附铀性能的影响 ……………… 110

　　　6.3.3　材料对铀的吸附动力学 ……………………… 111

　　　6.3.4　材料对铀的吸附等温线 ……………………… 112

　　　6.3.5　材料对铀的吸附选择性 ……………………… 113

　　　6.3.6　材料的铀脱附测试 …………………………… 114

　　6.4　小结 ……………………………………………… 114

第 7 章　结论与展望 …………………………………………… 116

　7.1　结论 ……………………………………………… 116

　7.2　创新性 …………………………………………… 118

　7.3　展望 ……………………………………………… 118

参考文献 ………………………………………………………… 120

在学期间发表的学术论文与取得的研究成果 ……………………… 138

致谢 ……………………………………………………………… 140

第1章 引 言

1.1 研 究 背 景

1.1.1 核电发展与铀资源的开发利用

根据《能源发展"十三五"规划》,我国正在积极推动能源发展的改革,努力构建清洁低碳、安全高效的现代能源体系。作为清洁、高效的能源,核电已纳入国家能源发展改革的重大战略当中。"十二五"期间,中国核工业发展取得了丰硕的成果。根据《能源发展"十三五"规划》,2010 年,我国核电装机总量为 1082 万千瓦,到 2015 年,核电装机总量增加到了 2717 万千瓦,增幅达 150%,且年均增长为 20.2%。此外,据《核电中长期发展规划(2011—2020)》和 2017 年发布的《"十三五"核工业发展规划》等文件,到 2020 年,我国核电运行和在建装机将达到 8800 万千瓦,其中并网运行 5800 万千瓦,在建装机 3000 万千瓦。由此可见,在未来很长一段时间内,我国核电发展的势头依然强劲。

作为核电站的主要燃料,铀资源是核工业持续、稳定发展的重要保障。随着核电规模的不断扩大,我国对铀资源的需求量也显著增加[1]。按照每百万千瓦机组一年消耗 160~180 t 天然铀计算,到 2020 年,预计我国每年消耗的天然铀可能超过 1 万吨[2]。然而,根据经济合作与发展组织核能机构(OECD/NEA)与国际原子能机构(IAEA)发布的 *Uranium 2014*:*Resources*,*Production and Demand*,2013 年 1 月,我国已探明的采矿成本低于 130 美元/千克铀的铀矿资源为 19.9 万吨,仅占全球份额的 3%[3]。随着铀需求量的增加,我国加大了对铀资源的开发。根据 *Uranium 2016*:*Resources*,*Production and Demand*,截至 2015 年 1 月,我国采矿成本低于 130 美元/千克铀的已探明铀资源量为 27.3 万吨,增加 37%[4]。尽管如此,我国铀资源占全球的份额依然很小。此外,尽管探明铀资源量增幅较大,但一座铀矿从探明到正式建厂、开采和生产仍然需要 10 年左右的时间。目前来看,我国铀资源的年生产能力仍然难以满足年需求量。以 2014 年为例,我国当年在运行的核电站为 23 座,铀需求量为 4200 t,而当年的铀产量仅为 1550 t[4]。因此,从长远来看,铀资源缺乏可能会成为中国核工业发展的挑战之一。

1.1.2　铀污染的产生及其危害

核电的发展为人类提供了清洁高效的低碳能源,减少了对传统化石能源的依赖,与此同时也产生了潜在的危害。在核电站运行过程中,会产生放射性废物,对环境和人类的健康存在一定威胁。此外,意外核事故更会使大量放射性核素外泄,对周边环境和生物体造成重大影响。2011 年,福岛核电站爆炸导致的放射性核素泄漏使得周边水体中的放射性核素浓度显著增加[5-6]。

铀是核电发展过程中涉及最多的放射性核素,因而铀的污染问题备受关注。铀的原子序数为 92,是自然界存在的最重元素。铀不仅具有作为放射性核素的辐射危害,还具有重金属普遍存在的化学毒性[7]。重金属铀能够促使蛋白质结构发生不可逆的变化,从而对生物体的组织器官产生影响,引发严重的疾病。相较而言,铀的放射毒性对环境和人类的威胁更大。在自然界中,铀主要以三种同位素形式存在,即 ^{238}U、^{235}U 和 ^{234}U,并且以半衰期很长(约 45 亿年)的 ^{238}U 为主,占 99.2% 以上。^{235}U(半衰期约为 7 亿年)占比大概为 0.72%,半衰期较短(约 25 万年)的 ^{234}U 占 0.0050%～0.0059%。因此,一旦半衰期长的铀进入人类生存系统而无法及时清除,产生的影响将会非常持久。铀的辐射危害可分为外照射和内照射两种方式。当铀作为外照射源时,上述三种铀同位素释放的 α 射线穿透能力差、辐射距离短,产生的危害较小,但铀的衰变子体会释放穿透能力强、辐射范围大的 β 射线和 γ 射线,造成较大的危害。当铀作为内照射源时,其释放的 α 射线会严重破坏人体组织器官的功能,并且这种辐射危害具有可累积性,因而对人类健康甚至生命产生重大威胁[8]。

铀危害人类的途径主要是通过含铀的废水进入人类的生存系统。在核电生命周期中,从铀矿开采、铀矿选冶、铀的精制、燃料元件的制造到反应堆的运行、乏燃料后处理等各个环节,均会产生一定量的含铀废水。此外,核武器的研制和放射化学实验室的研究等也会产生含铀废水[9]。意外核事故的发生更会导致水体中铀浓度的急剧增加。在水体中,铀主要是以四价铀 U(Ⅳ)和六价铀 U(Ⅵ)的形式存在,而 U(Ⅳ)容易与无机碳形成稳定的络合物而沉淀出来。因此,一般含铀废水中的铀主要为 U(Ⅵ),其与两个氧原子形成铀酰离子(UO_2^{2+})，极易溶于水并且能够随着水体自由地迁移。因此，包含大量 U(Ⅵ) 的含铀废水通过地球循环系统进入生物圈，并通过食物链、饮用水等途径威胁人类的生存环境和健康。

1.1.3　铀富集分离的意义

综上所述，对含铀废水中的铀进行富集分离是缓解铀污染问题的必然要求。同时，从含铀废水富集分离铀能够更好地实现铀资源的循环利用，缓解我国铀矿资源与铀燃料需求不匹配的现实问题。

铀污染问题因与人类的健康和生存息息相关而得到广泛关注。一般来说，当水体中的铀浓度低于一定限值时，对人体不会有伤害。根据世界卫生组织（WHO）的建议，废水中铀离子的排放标准为 2 μg/L。中国对含铀废水的排放标准为 50 μg/L[10]。我国天然水体中的铀浓度为 0.5 μg/L[11]，远远低于铀浓度规定限值，处于安全范围内。然而，尽管含铀废水中的铀浓度因其来源不同而有所差别，但基本远远超出排放标准。以铀矿周围的含铀废水为例，其平均铀浓度为 5 mg/L 左右[11]。因此，从人类的健康和生存角度来讲，实现这类废水中铀的高效分离并使铀浓度降低到安全水平将具有极大的意义。

除此之外，为缓解铀资源短缺的压力，在加大铀矿探寻和开采的同时，世界各国都在积极寻找更多的含铀资源。其中，海水中蕴藏的铀资源总量超过 40 亿 t（铀浓度为 3.3 μg/L）[12]，是目前探明的铀矿资源总量的 500 倍以上[4]。我国根据自身资源特点，又将目光投向了内陆盐湖水。盐湖铀资源的潜力为 10.31 万 t，其中，青海湖的铀浓度为 18.3 μg/L，西藏达则措盐湖的铀浓度达到 324 μg/L[13]。由此可见，从低浓度的含铀水体中富集铀已成为缓解铀资源紧缺压力的重要途径。据统计，我国南方一铀矿的年产坑水量就达到 30 万 t[14]。再考虑其他过程产生的含铀废水，我国每年产生的含铀废水量非常大。并且，与海水和盐湖水相比，含铀废水中铀的浓度要高很多。因此，从含铀废水中富集铀也将对缓解我国的铀资源压力产生积极的作用。

1.2　铀富集分离方法简介

目前，从含铀废水中富集分离铀的方法主要包括絮凝沉淀法[15]、蒸发浓缩法[16]、离子交换法[17]、膜分离法[18]和吸附法[19]等。

1.2.1　絮凝沉淀法

絮凝沉淀法是指通过向含铀的水体中加入絮凝剂(如氢氧化镁、氯化铁等),使铀从离子状态聚集成颗粒状态而从溶液中沉淀出来。该方法主要利用了絮凝沉淀剂的吸附架桥、电中和等作用。任俊树等[20]采用硫酸铁作为絮凝剂,对含盐量较高的铀、钚低放废水进行沉淀研究。研究表明,pH是影响铀去除率的关键因素,且废水初始 pH 越低,铀的去除效果越好。此外,絮凝剂投加量的增加也有利于提升铀的去除效果。该絮凝剂对铀的去除率很好(>95.5%),并且可以将处理后的废水中铀浓度降低到<10 $\mu g/L$。

絮凝沉淀法的优势在于操作简单、含铀废水的处理量大且技术设备成熟,成本也比较低廉。然而,该方法因将多种金属离子同时沉淀出来而导致选择性较差,且涉及二次污泥污染。一般来说,絮凝沉淀法适用于含盐量高且体积大的低放废水,常用于含铀废水的预处理。

1.2.2　蒸发浓缩法

蒸发浓缩法主要利用了铀等大部分放射性核素不挥发的性质,通过蒸汽、电加热等方式对蒸发容器中的含铀废水进行蒸发处理,除去大量的水分,从而实现铀的富集。该方法的显著优点是去污率高且灵活性大,适用于处理中高浓度的含铀废水。但由于需要使大体积的含铀废水沸腾、蒸发,能耗较大,成本较高。另外,蒸发浓缩法还涉及设备的腐蚀、结垢和爆炸等问题。因此,许多研究者努力研制高效、安全的蒸发设备,从而增强能效,降低成本,提高安全性能[21]。

1.2.3　离子交换法

离子交换法是通过 U(Ⅵ)与有机或无机离子交换剂之间的离子交换作用来实现铀的分离和固定。许多树脂类有机离子交换剂[22]和钛酸盐类无机离子交换剂[23]均带有能与 U(Ⅵ)进行快速交换的离子,可以高效地实现离子的交换,从而从含铀废水中提取出 U(Ⅵ)。Al-Hobaib 等[24]合成了用于 U(Ⅵ)去除的钛酸钡无机离子交换剂,实现了 90%以上的 U(Ⅵ)的去除。但多种共存离子影响了 U(Ⅵ)的去除效率,其中,Ba(Ⅱ)与 U(Ⅵ)的竞争效应非常明显。此外,钛酸钡的晶粒大小影响了 U(Ⅵ)的交换速度,表明颗粒扩散是 U(Ⅵ)交换的决速步骤。

离子交换法的操作简单,去除效率高,且能量消耗较少。但该方法对所处理的含铀废水的水质要求较高,含盐量应较少,浊度要小。此外,许多离子交换剂存在选择性差、再生难和抗辐射能力差等问题。

1.2.4　膜分离法

膜分离法是近些年研究较多的放射性废水处理技术,其在工业废水的处理方面已经得到了广泛的应用。该方法主要利用了渗透性原理,使含铀废水在压力差、电位差等外界推动力的作用下实现放射性核素的分离,其涉及的膜技术主要包括纳滤、微滤、超滤、反渗透和电渗析等。

膜分离法具有设备成熟、操作简单和能耗较低等优点[25]。Torkabad等[18]研究了不同实验参数下聚醚砜和聚酰胺纳滤膜对铀的截留率和膜的渗透通量。对聚醚砜纳滤膜而言,当 pH＝6 时,其对铀的截留率最高。而对聚酰胺纳滤膜来说,铀截留率随着 pH 的增加而提高。压力的增加有利于提高两种膜的渗透通量。此外,初始铀浓度也对铀的截留率具有重要影响。当初始铀浓度达到 238 mg/L 时,聚酰胺纳滤膜对铀的截留率达到98％;当初始铀浓度为 7 mg/L 时,铀的截留率仅为 62％。该研究表明膜分离法可以实现铀的高效富集和分离,同时,该法的处理效果受到诸多因素的影响。此外,膜分离法还存在易结垢、处理量小等问题。

1.2.5　吸附法

吸附法因能耗低、工艺简单、空间占用小和不产生污泥等优点而受到了广泛关注[19]。更重要的是,吸附法适用于体积大且铀浓度较低的体系。在海水提铀领域,从 20 世纪 60 年代开始,日本、美国、中国等许多国家的研究者已经研发出了一系列铀吸附材料,并实现了从铀浓度极低(3.3 μg/L)的海水中高效、有选择性地富集铀[26-27]。许多研究者认为吸附法是最有前景的海水提铀技术[28]。一般来说,铀矿选冶、反应堆运行和乏燃料后处理等环节产生的含铀废水同样具有体积大、浓度低等特点,因此,吸附法在含铀废水的处理方面同样具有很大的优势。然而,目前来说,稳定、高效吸附材料的开发仍然是制约吸附法更广泛应用的主要因素。

1.3　铀吸附材料

高性能的吸附材料可以将含铀废水中的铀快速、高容量且有选择地分离出来,从而提高分离效率、减少吸附剂用量,同时避免共存离子的干扰。

此外,吸附材料一般还需要具有机械性能好、化学性能稳定等特点。目前研究较多的铀吸附材料主要包括矿石、生物材料、高分子材料和无机纳米材料等。

1.3.1 矿石

矿石类材料是一种来源广泛、成本低廉的吸附剂,其在低浓度含铀废水的处理领域已经得到了一定的应用。

黏土是以氧化硅和氧化铝为主要成分的硅酸盐矿物。Sylwester 等[29]研究了 pH 为 3.1~6.5 时 U(Ⅵ)在蒙脱土表面的吸附。通过延伸 X 射线吸收精细结构(EXAFS)表征可知,当 pH 较低(pH=4.1)时,U(Ⅵ)主要以阳离子交换机理吸附到蒙脱土表面;当 pH 较高(pH=6.4)且离子强度较高时,阳离子交换受到抑制,U(Ⅵ)主要通过与蒙脱土表面的羟基发生化学络合作用而固定在蒙脱土上表面。Kremleva 等[30]则用 EXAFS 手段证实了多种黏土矿物对 U(Ⅵ)的吸附均有铝醇基和硅羟基的参与,并且 U(Ⅵ)在高岭石和蒙脱土等黏土矿物上的吸附位点大部分分布于边缘表面。膨润土是具有较大比表面积且在自然界分布广泛的矿物,Aytas 等[31]对天然膨润土热活化并研究了其对铀的吸附性能。研究表明,在 pH=3 的条件下,100 mg 的热活化膨润土对 10 mL 浓度为 100 μg/L 的铀溶液的去除率约为 65%,吸附平衡在 20 min 以内即可达到。此外,U(Ⅵ)在膨润土上的吸附是自发的,且属于吸热过程。为进一步提升膨润土的吸附能力,Anirudhan 等[32]制备了聚甲基丙烯酸接枝壳聚糖/膨润土复合材料,理论最大吸附量达 117.2 mg/g。经过四次吸附和脱附过程,该材料仍然能够保留初次吸附能力的 94.2%,表明其具有很好的循环使用性能。Anirudhan 等[33]还制备了腐殖酸修饰的锆基柱撑黏土,利用腐殖酸的羧基与 U(Ⅵ)的强络合作用,提升黏土的吸附能力。腐殖酸修饰的锆基柱撑黏土对铀的理论最大吸附容量为 133 mg/g 左右。

针铁矿、赤铁矿和黄铁矿等铁矿类材料也可用于铀的吸附分离。Yusan 等[34]合成了针铁矿型纳米晶并将其用于含铀废水的处理。当 pH=4、铀初始浓度为 50 mg/L 和针铁矿用量为 10 mg 时,实现了最高的铀去除率,达到 99.3%。该针铁矿对铀的最大吸附量约为 115 mg/g,但铀吸附后很难脱附下来。此外,该研究探索了多种离子共存的溶液中针铁矿对铀的吸附选择性。结果表明,其他共存离子如 Pb(Ⅱ)等对 U(Ⅵ)的干扰很大。Xie 等[35]系统研究了 pH、吸附时间、铀初始浓度、温度和 Ca(Ⅱ),Mg(Ⅱ)

对赤铁矿的铀吸附性能的影响。更高的 pH 有利于提高铀的吸附量,但温度和 Ca(Ⅱ),Mg(Ⅱ)对吸附能力影响较小。赤铁矿在 6h 内可以达到对铀的吸附平衡,且铀的最大吸附容量为 3.54 mg/g。Luo 等[36]研究了黄铁矿对铀的吸附性能。在 pH＝6 时,黄铁矿对铀的最大吸附能力为 42.57 mg/g。吸附过程符合拟二级动力学模型和 Langmuir 吸附等温模型,表明为单层吸附过程。

Camacho 等[37]研究了天然斜发沸石对低浓度铀废水中铀的分离,并考察了 pH 和铀初始浓度的影响。在 pH＝6、铀初始浓度为 5 mg/L 时,实现了铀的最大去除率(95.6％)。此外,研究表明该沸石属于斜发沸石和 Na 沸石的混合物,具有较大的比表面积(18 m^2/g)和较高的理论最大吸附容量(2.88 mg/g)。Sprynskyy 等[38]发现滑石对水溶液中铀的最大吸附容量为 41.6 mg/g,高于一般的蒙脱土、赤铁矿、高岭石和天然沸石等。同时,Hg(Ⅱ)和 Fe(Ⅲ)等离子对 U(Ⅵ)的干扰很大,滑石对铀的吸附选择性较差。

总体来说,矿石类吸附材料的成本低、来源广,但比表面积小,对铀的吸附容量不高,且选择性较差。

1.3.2 生物材料

生物材料也是一种来源广泛、成本较低的铀吸附材料。生物材料一般富含羧基、羟基、胺基或磷酸基等功能基团,使得其对铀的吸附能力较强,且吸附选择性较好。目前,植物、藻类、真菌和细菌四类生物材料在铀的吸附领域得到了较多的研究。

目前研究的植物类材料主要包括树叶、稻秆等。植物类材料的主要成分为纤维素、半纤维素和木质素等,这些成分中含有大量能够与 U(Ⅵ)发生强配位作用的含氧功能基团。夏良树等[39]研究了榕树叶对铀的吸附行为和机理。结果表明,榕树叶可以实现铀的快速分离,60 min 以内即可达到吸附平衡。该吸附过程是自发、吸热的。此外,通过红外光谱和扫描电镜表征发现,榕树叶对铀的吸附主要归因于 U(Ⅵ)与细胞表面羟基等含氧功能基团的化学络合作用。Li 等[40]采用氯甲基环氧乙烷交联的稻秆纤维素进行铀的吸附研究。结果表明,U(Ⅵ)主要通过与羟基等基团上的质子发生离子交换作用而实现分离。吸附平衡时间为 100 min 左右,且在 pH＝5 的条件下,Langmuir 模型拟合得到的理论最大吸附容量为 11.64 mg/g。Zhang 等[41]则用丁二酸对稻秆进行修饰,使其表面增加了一定量的羧基和酯基等基团,并且改善了其在水中的分散性。修饰后的稻秆对铀的吸附容量由 19.8 mg/g 增加到 24.0 mg/g,且吸附主要归因于 U(Ⅵ) 与含氧基团的络合作用。

藻类、真菌和细菌等微生物材料对铀的吸附机理主要分为化学络合、离子交换、还原沉淀、与酶作用聚集到细胞内部和矿化等[42-43]。微生物材料一般具有多聚糖和碳水化合物组成的细胞壁,且多聚糖骨架中含有氨基、羧基、羟基和硫基等功能基团,因而对铀等金属离子具有较强的化学络合或离子交换作用[42]。据 Yang 等[44]报道,在 pH 分别为 2.6,3.2 和 4.0 的条件下,马尾藻对铀的最大吸附容量分别超过 150 mg/g,330 mg/g 和 560 mg/g,且吸附在 3h 内达到吸附平衡,说明铀吸附性能非常好。此外,0.1 mol/L 的盐酸可以实现铀的高效脱附,且马尾藻损失率低于 5%,表明该藻类材料可方便地进行循环再生。马尾藻对铀的大容量吸附主要是通过 U(Ⅵ) 与大量功能基团上的质子发生离子交换而实现。Yi 等[45]首次研究了凤眼莲对铀的吸附性能。研究发现,凤眼莲可以在 30 min 实现铀的吸附平衡,pH 为 5.5 时吸附效果最好,理论最大吸附容量为 142.85 mg/g。通过 FTIR 和 XPS 表征推测,铀的吸附可能是 U(Ⅵ) 与凤眼莲上氨基、羟基和羧基等功能基团的络合作用或离子交换作用导致。Bayramoglu 等[46]研究了未处理、热处理和碱处理的凤尾菇真菌对铀的吸附性能。研究表明,碱处理的真菌对铀的最大吸附容量达到 378 mg/g,比未处理(268 mg/g)和热处理(342 mg/g)的真菌吸附能力强。化学吸附的铀还可以通过与酶的作用进一步聚集到细胞内部。此外,部分菌类可以实现 U(Ⅵ) 到 U(Ⅳ) 的还原沉淀。Orellana 等[47]研究发现,硫还原地杆菌外表面的细胞色素 C 可以通过电子转移实现 U(Ⅵ) 到 U(Ⅳ) 的转化,并使四价铀沉淀出来,实现废水中铀的分离。微生物吸附分离铀的另一种方式是使铀形成磷酸盐或碳酸盐形式的矿物[43]。

分析可知,生物材料尤其是微生物类材料对铀具有较强的吸附能力。然而,较差的机械和化学稳定性限制了该类材料的实际应用。

1.3.3　高分子材料

天然和合成高分子材料均在含铀废水的净化领域具有较大的应用潜力。其中,天然高分子中,壳聚糖因来源广泛、亲水性好、生物相容性好、可降解和抗菌等优势一直都是研究的热点。在合成高分子中,离子交换树脂和螯合树脂等材料受到了广泛的关注。

　　壳聚糖是由自然界广泛存在的几丁质脱乙酰基团而得到,因而原料易得、成本较低。壳聚糖富含羟基和胺基,能够与 U(Ⅵ) 发生较强的配位作用。图 1.1 是壳聚糖与 U(Ⅵ) 可能的配位结构[48-49]。此外,羟基和胺基等高反应活性基团的存在也使壳聚糖容易交联和进行进一步的化学修饰,从而提升其抗酸和吸附能力等。表 1.1 列出了多种壳聚糖树脂及其衍生材料对铀的吸附性能。目前,乙二胺、3-氨基-5-巯基-1,2,4-三氮唑、3,4-二羟基苯甲酸、三聚磷酸和氨基酸等多种 U(Ⅵ) 的良好配体成功修饰到了壳聚糖树脂上,并表现出优异的吸附性能。此外,为提升机械性能和吸附性能,研究者们制备了多种壳聚糖/无机物复合材料,见表 1.1。

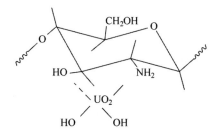

图 1.1　壳聚糖与铀酰离子可能的配位结构[48]

表 1.1　壳聚糖树脂及其衍生物对铀的最大吸附容量比较

吸　附　剂	实验条件	铀最大吸附容量/ (mg/g)
壳聚糖树脂[56]	pH=3,θ=25℃	72
乙二胺修饰壳聚糖树脂[57]	pH=3.9,θ=30℃	423
3-氨基-5-巯基-1,2,4-三氮唑修饰壳聚糖树脂[57]	pH=3.9,θ=30℃	306
3,4-二羟基苯甲酸修饰壳聚糖树脂[58]	pH=3	330
苯胂酸修饰壳聚糖树脂[59]	pH=4～8	83
三聚磷酸修饰壳聚糖树脂[60]	pH=5,θ=25℃	237
离子印迹修饰壳聚糖树脂[61]	pH=5,θ=25℃	187
丙氨酸修饰壳聚糖树脂[62]	pH=3.6,θ=25℃	85
丝氨酸修饰壳聚糖树脂[62]	pH=3.6,θ=25℃	116
壳聚糖/沸石复合材料[63]	pH=4,θ=20℃	409
壳聚糖/磁性颗粒复合材料[64]	pH=4,θ=25℃	667
壳聚糖/石墨烯复合材料[65]	pH=4,θ=30℃	226

许多合成高分子树脂材料也广泛用于铀的吸附分离研究。Atun 等[50]利用磺化的酚醛树脂对铀进行了吸附研究。结果表明,该材料对铀具有较高的吸附容量,在 pH 为 3~4 时,达到 68 mg/g,且 U(Ⅵ)可以高效地从材料上脱附。Donia 等[51]合成了甲基丙烯酸缩水甘油酯-二乙烯基苯磁性螯合树脂,并对其进行四乙基五胺修饰。该树脂吸附剂对铀的吸附容量达到 395 mg/g(pH=4.5)。Cao 等[52]合成了磷酸修饰的聚苯乙烯-二乙烯基苯螯合树脂,其对铀的最大吸附容量为 98.5 mg/g(pH=5),且吸附平衡时间为 4 h。为了实现铀的选择性分离,合成了许多离子印迹型聚合物[53-54]。Preetha 等[53]将水杨醛肟、4-乙烯吡啶或水杨醛肟/4-乙烯吡啶三元复合物与苯乙烯、二乙烯基苯和 U(Ⅵ)等混合,并在偶氮二异丁腈引发下实现共聚,制备得到了三种 U(Ⅵ)印迹聚合物。结果表明,三种离子印迹聚合物中,水杨醛肟/4-乙烯吡啶三元复合物参与共聚得到的离子印迹聚合物对铀的吸附容量最大,达 98.5 mg/g(pH=3.5)。并且与 U(Ⅵ)不参与共聚得到的聚合物相比,离子印迹聚合物对铀的选择吸附系数高了 10^2~10^4 倍,可实现核电厂废水中铀的高选择性分离。Yi 等[55]合成了聚丙烯酸水凝胶,理论最大吸附容量达到 445 mg/g。

高分子材料在重金属分离等领域已经得到了实际应用,其对环境保护具有重要的意义。在放射性核素分离领域,辐照稳定性等是高分子材料需要克服的缺陷。

1.3.4　无机纳米材料

无机纳米材料近些年得到了非常广泛的关注。由于良好的机械性能、化学稳定性和辐照稳定性等优点,无机纳米材料在放射性核素分离领域具有一定的优势。此外,无机纳米材料一般具有大的比表面积,且可以较方便地进行化学修饰,从而制备具有优异吸附性能的功能材料。

1. 介孔硅

介孔硅是一种孔道尺寸在 2~50 nm 的多孔硅基材料。因其具有大的比表面积、有序的空间结构和均一的介孔尺寸等特点而在诸多领域具有非常大的应用潜力[66]。同时,介孔硅表面富含可进行化学修饰的硅羟基,进一步拓宽了其应用范围。在含铀废水的处理方面,介孔硅也得到了广泛的研究。

为提高介孔硅对铀的吸附能力,一般需要对介孔硅进行化学修饰。

Yuan 等先后合成了膦酸[68]、咪唑啉[69]化学修饰的六方晶系结构的 SBA-15 型介孔硅和四配位基邻二氮杂菲酰胺[67]化学修饰的大介孔立方结构的 KIT-6 型介孔硅。结果表明,上述材料对 U(Ⅵ)的吸附速度较快,达到吸附平衡时间为 30～120 min。三种材料对 U(Ⅵ)的最大吸附容量分别为 303 mg/g (pH＝6.9),268 mg/g (pH＝5)和 328 mg/g (pH＝5)。其中,四配位基邻二氮杂菲酰胺化学修饰的 KIT-6 对 U(Ⅵ)具有非常好的吸附选择性,如图 1.2 所示。Lebed 等[70-71]也合成了多种膦酸修饰的 SBA-15,KIT-6 等介孔硅复合材料,并研究了其对铀的吸附性能。上述材料对铀的吸附速度都非常快,均能够在 60 s 内达到吸附平衡,表明有序的介孔结构为 U(Ⅵ)提供了快速扩散的通道。此外,这些吸附材料具有优异的循环复用性能。

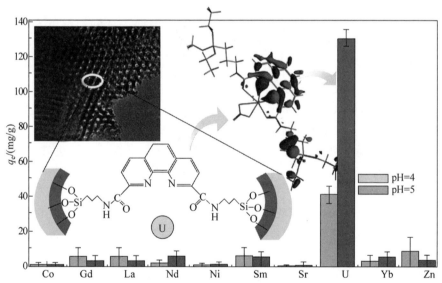

图 1.2　四配位基邻二氮杂菲酰胺化学修饰的 KIT-6 对 U(Ⅵ)的吸附研究[67]（见文前彩图）

氨肟基是 U(Ⅵ)的良好配体,能够与 U(Ⅵ)形成稳定的配合物。因此,Wang 等合成了氨肟基修饰的介孔硅[72]、氨肟基修饰的磁性介孔硅[73]等多种复合吸附材料。Wang 等[72]利用 2-氰乙基三乙氧基硅烷与四乙氧基硅烷缩合制备带氰基的介孔硅,再通过羟胺将氰基转化成氨肟基。在 pH＝5 的条件下,氨肟修饰的介孔硅对铀的理论最大吸附容量达到 459 mg/g。Wang 等[73]还制备了氨肟修饰的磁性介孔硅,可以实现铀的快速分离。Ji 等[74]分别采用后修饰和缩合法制备了氨肟基修饰的短通道 SBA-15,使铀的最大吸附容量分别达到 625 mg/g 和 516 mg/g(pH=6)。Gao 等[75]利用仿生的多巴胺进行 SBA-15 的表面修饰,得到了 196 mg/g 的理论最大吸附容量(pH=6),表明多巴胺涂抹是一种温和、高效的纳米材料功能化方法。

2. 碳纳米管

碳纳米管可定义为由碳六元环构成的类石墨平面卷曲而成的管状物质[76]。因良好的机械性能、独特的电性能和高化学稳定性,碳纳米管广泛应用于超级电容器[77]、催化[78]、药物运输[79]和吸附[80]等领域。丰富的纳米空隙结构和高比表面积赋予了碳纳米管较好的金属离子吸附性能。在放射性核素分离领域,碳材料因具有较好的辐射稳定性而显示出独特的优势[81]。

Fasfous 等[82]系统研究了初始铀浓度、吸附时间、pH 和温度等不同条件对碳纳米管的铀吸附性能的影响。研究表明,在 pH 为 5 时,碳纳米管对铀的吸附性能最好。在此 pH 条件下,当温度为 25℃ 时,理论最大铀吸附容量达到 24.9 mg/g。热力学研究证实铀在碳纳米管上的吸附属于自发过程。碳纳米管的表面几乎没有功能基团,且在水中的分散性较差,使其对含铀废水中铀的分离效果并不理想。因此,许多研究者对碳纳米管表面进行功能化,以提高其吸附性能。Sun 等[83]通过对碳纳米管进行湿法氧化,使其表面增加大量含氧功能基团,从而提高其亲水性和吸附性能。结果表明,湿法氧化处理增大了碳纳米管的比表面积,并使其表面产生了羧基等含氧功能基团。氧化的碳纳米管对铀的最大吸附容量为 32.9 mg/g(pH=5,$\theta=25$℃)。Shao 等[84]采用等离子体诱导接枝法制备了羧甲基纤维素修饰型碳纳米管并研究其对 U(Ⅵ)的吸附性能。研究表明,羧甲基纤维素的修饰大大提升了碳纳米管在水中的分散性。最终,该复合材料对 U(Ⅵ)的吸附量达到 110.45 mg/g(pH=5,$\theta=25$℃),是未修饰碳纳米管的 8 倍(14.10 mg/g)。进一步分析发现,铀吸附能力的提升主要归因于羧甲基纤维素含有大量羟基等功能基团,这些基团对 U(Ⅵ)具有较强的络合作用。Wang 等[85]同样采用等离子体法对碳纳米管进行功能化,制备得到了氨肟基修饰的碳纳米管,具体过程如图 1.3 所示。通过等离子体处理,碳纳米管表面产生大量自由基,与丙烯腈单体混合后,成功实现了氰基的接枝。经过羟胺处理,最终得到氨肟基修饰的碳纳米管。该材料对铀的吸附能力较强,最大吸附容量达到 145 mg/g(pH=4.5),优于大部分已报道的碳纳米管基材料。Abdeen 等[86]制备了聚乙烯醇功能化的碳纳米管复合材料。在 pH=3 时,复合材料对铀的吸附能力最强,理论最大吸附容量达到232.6 mg/g。

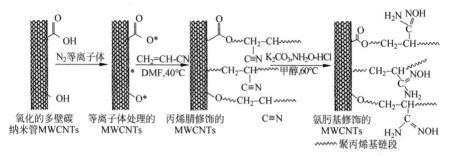

图 1.3　氨肟基修饰型碳纳米管的制备[85]

由于碳纳米管存在表面化学惰性等缺点,需要寻找更有效的碳纳米管表面修饰策略,进一步提升其对铀的吸附能力。

3. 石墨烯

石墨烯是石墨、碳纳米管和富勒烯等三维碳材料的基本结构单元,是由单层或几层碳原子紧密堆积而成的纳米碳材料。因特殊的二维结构、优异的机械性能、良好的热和电性质,石墨烯已经得到了极其广泛的研究和应用[87-89]。在采用 Hummers 方法制备石墨烯的过程中,会产生氧化石墨烯中间体。由于富含羰基、羧基和羟基等多种含氧功能基团,氧化石墨烯在水中具有非常好的分散性,并且在铀的吸附分离领域具有较好的应用前景。此外,大量含氧功能基团的存在使氧化石墨烯可以得到有效的化学修饰,进一步提升铀吸附性能。表 1.2 对不同石墨烯基吸附材料的铀最大吸附容量进行了比较。

王祥科课题组首次将石墨烯应用到铀吸附分离领域,他们[90]采用Hummers 方法合成了少层氧化石墨烯纳米片,并首次研究了其对 U(Ⅵ)的吸附性能。在 pH=5 的条件下,氧化石墨烯的最大铀吸附量为 98 mg/g,显著高于氧化碳纳米管等材料。氧化石墨烯对铀的强吸附能力主要归因于大量含氧功能基团的存在。Li 等[91]研究了单层氧化石墨烯对 U(Ⅵ)的吸附性能,并考察了 pH、离子强度、初始铀浓度对吸附的影响。研究表明,氧化石墨烯对 U(Ⅵ)的吸附速度很快,且 pH 对吸附性能的影响显著,但离子强度的影响较小。在 pH=4 时,氧化石墨烯对 U(Ⅵ)的最大吸附量达到

299 mg/g。由 EXAFS 表征可知,U(Ⅵ)与氧化石墨烯表面的含氧功能基团发生了络合作用。U(Ⅵ)在氧化石墨烯表面的吸附属于吸热、自发过程。Romanchuk 等[92]研究发现氧化石墨烯对铀的最大吸附容量为 27 mg/g(pH=5),U(Ⅵ)的去除率为 70%,显著高于膨润土(5%)和活性炭(2%)。其他研究氧化石墨烯对铀吸附的结果见表 1.2。

表 1.2　石墨烯基吸附材料对铀的最大吸附容量比较

吸　附　剂	实　验　条　件	铀最大吸附容量/(mg/g)
少层氧化石墨烯[90]	pH=5,θ=20℃	98
单层氧化石墨烯[91]	pH=4,室温	299
氧化石墨烯[92]	pH=5	27
氧化石墨烯纳米片[93]	pH=4,θ=30℃	208
聚苯胺@氧化石墨烯[94]	pH=3,θ=25℃	242
聚苯胺/氧化石墨烯[95]	pH=5,θ=20℃	1960
聚吡咯/氧化石墨烯[96]	pH=5,θ=25℃	147
膦酸接枝型氧化石墨烯[97]	pH=4,θ=30℃	252
聚丙烯酰胺/氧化石墨烯[98]	pH=5,θ=22℃	164

为了提高铀吸附性能,研究者们制备了多种氧化石墨烯基复合材料。Sun 等[94]首先合成了聚苯胺化学接枝的氧化石墨烯并研究了其对 U(Ⅵ)的吸附性能。研究表明,聚苯胺接枝的氧化石墨烯对 U(Ⅵ)的最大吸附容量为 242 mg/g。与活性炭、聚苯胺和氧化石墨烯相比,聚苯胺接枝的氧化石墨烯对铀的吸附能力显著提升。由此可知,聚苯胺多配位基团和氧化石墨烯高比表面积的协同作用导致了对铀的吸附能力的提升。Shao 等[95]利用苯胺在氧化石墨烯表面的原位聚合制备了聚苯胺物理负载的氧化石墨烯。该复合材料中的聚苯胺与氧化石墨烯主要通过静电作用结合在一起。研究发现,该复合材料可以将铀的吸附能力提高到 1960 mg/g,显著提升了氧化石墨烯对铀的吸附能力。Hu 等[96]还制备了聚吡咯/氧化石墨烯复合材料,其对铀的最大吸附容量为 147 mg/g。由 XPS 表征可知,铀的吸附主要归因于 U(Ⅵ)与复合材料表面含氮和含氧基团的配位。在 Co(Ⅱ),Ni(Ⅱ),Cd(Ⅱ),Sr(Ⅱ)和 Zn(Ⅱ)等离子的干扰下,复合材料对铀具有较好的吸附选择性。此外,王祥科课题组还制备了膦酸[97]、聚丙烯酰胺[98]等功能化的氧化石墨烯复合材料,并实现了铀的高效分离。

1.4　介　孔　炭

因良好的导电和导热性能、化学稳定性及低密度等优势,多孔炭材料已广泛应用于电化学、催化、吸附和气体储存等领域。介孔炭是一种孔径尺寸在 2～50 nm 的多孔炭。由于丰富的空间结构、相对均一且适中的孔道尺寸、可调的孔性质和高比表面积等特点,介孔炭在先进纳米材料的研发和应用等方面具有重要的价值。

1.4.1　介孔炭的制备

介孔炭的制备方法主要包括硬模板法和软模板法。图 1.4 所示是有序介孔炭的制备过程[99]。一般来说,硬模板法主要的步骤包括介孔硅等硬模板的制备、前驱体填充、碳化和模板的刻蚀。软模板法则主要包括嵌段共聚物的自组装、牺牲链段的热分解和碳源链段的碳化等步骤。

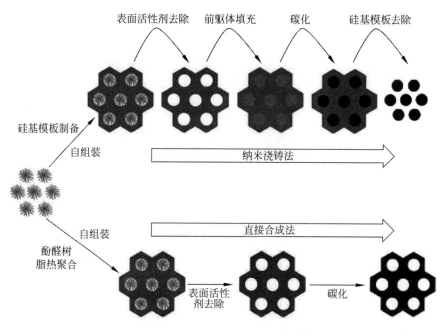

图 1.4　有序介孔炭的制备过程[99]

1. 硬模板法

Knox 等[100-101]首次报道了具有介孔结构的多孔炭的硬模板法制备。该研究以球形硅胶为硬模板，苯酚和六亚甲基四胺混合物为碳源，经过填充、交联、碳化和模板刻蚀等步骤成功制备了球形介孔炭。

随着有序介孔硅基材料的发展，研究人员已制备了一系列具有有序空间结构、均一的孔通道等特点的有序介孔炭。1994 年，Bein 等[103]便制备了有序介孔炭与有序介孔硅的复合物，但其并未将二氧化硅刻蚀。直到 1999 年，Ryoo 等[104]才以有序的铝硅酸盐 MCM-48 为模板、蔗糖为前驱体、硫酸为催化剂，通过浸渍、低温聚合、高温碳化和 NaOH 刻蚀等步骤首次制备了自支撑的有序介孔炭（CMK-1）。CMK-1 是立方结构的有序介孔炭，平均尺寸为 3 nm 左右。随后，Ryoo 等[102]又以六方晶形结构的有序介孔硅 SBA-15 为模板、蔗糖或糠醇为碳源，制备了高度有序的介孔炭 CMK-3，如图 1.5 所示。CMK-3 完美复制了 SBA-15 的反相结构，因此其空间结构同样为六方晶形，且由三维内交联的柱形纳米棒组成。此外，也陆续报道了 CMK-2[105]，CMK-4[106]，CMK-5[107]，SNU-1[108]和 SNU-2[109]等多种以有序介孔硅为模板的有序介孔炭。

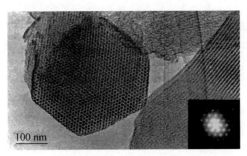

图 1.5 有序介孔炭 CMK-3 的微观形貌[102]

二氧化硅胶体粒子[110]、铝硅酸盐胶体[111]和氧化铝[112]等无机纳米材料也可用作制备介孔炭的硬模板。但此类介孔炭一般仅具有均一的介孔尺寸，而不具备有序的孔道结构。图 1.6 是 Chai 等[110]以二氧化硅胶体粒子为硬模板制备介孔炭的过程。首先，合成具有均匀尺寸的二氧化硅胶体粒子。随后，将二氧化硅胶体粒子与苯酚、甲醛混合并使苯酚和甲醛原位聚合，从而得到聚合物包覆的胶体离子。通过碳化和氢氟酸（HF）刻蚀，得到具有均一尺寸的介孔炭。

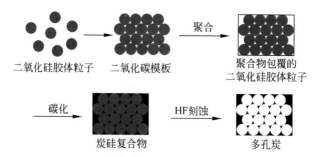

图 1.6　以二氧化硅胶体粒子为模板制备介孔炭[110]

2. 软模板法

采用软模板法合成介孔炭需要满足以下条件。第一,前驱体应当能够通过自组装形成纳米结构;第二,前驱体中应当有牺牲部分和碳源部分,牺牲部分分解后可以产生介孔,碳源部分则作为介孔炭的骨架;第三,牺牲部分应当具有合适的分解温度,在低温稳固前驱体结构的过程中,牺牲部分能够保持稳定,但在高温碳化过程中,牺牲部分则完全分解;第四,碳源部分应当保证高温碳化过程中的骨架稳定[113]。基于上述条件,研究者们尝试了多种前驱体,发现聚苯乙烯-*b*-聚(4-乙烯基吡啶)(PS-*b*-P4VP)、聚氧乙烯-*b*-聚丙乙烯-*b*-聚氧乙烯(PEO-*b*-PPO-*b*-PEO)等嵌段共聚物可以作为两亲性分子,实现间苯二酚-甲醛、甲阶酚醛树脂和间苯三酚-甲醛等碳源部分的自组装。经过进一步的聚合和碳化,嵌段共聚物受热分解产生孔道,而树脂聚合物作为碳源形成稳定的介孔骨架,最终制备得到了有序介孔炭。

Dai 等[114]采用 PS-*b*-P4VP 和间苯二酚-甲醛体系首次制得高度有序的介孔炭。图 1.7 是有序介孔炭的制备过程。由于氢键的作用,间苯二酚更倾向于和 P4VP 段接触,并随着溶剂的挥发,诱导产生微相分离的纳米结构。甲醛气体与间苯二酚的聚合将纳米结构固定,并通过高温碳化制得有序介孔炭。此后,Tanaka 等[115]利用 PEO-*b*-PPO-*b*-PEO 和间苯二酚-甲醛体系制备得到了有序介孔炭 COU-1。Zhao 等[116]利用 PEO-*b*-PPO-*b*-PEO 和甲阶酚醛树脂体系,以溶剂挥发诱导自组装法(EISA)制得了分别具有三维双连续、二维六方晶形和体心立方结构的有序介孔炭 FDU-14、FDU-15 和 FDU-16。Dai 等[117]又利用 PEO-*b*-PPO-*b*-PEO 和间苯三酚-甲醛体系制备得到了有序介孔炭。与其他方法相比,因间苯三酚与 PEO 链段具有更强的氢键作用,从而更容易自组装形成有序结构,并且具有更温和的

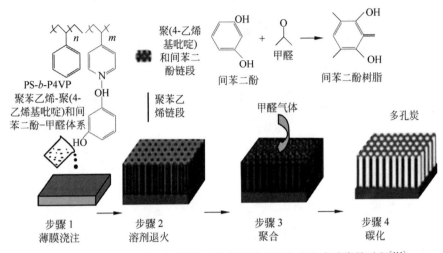

图 1.7　采用 PS-*b*-P4VP 和间苯二酚-甲醛体系制备有序介孔炭的过程[114]

反应条件和更多可选的原料组成。

　　除上述体系外，Matyjaszewski 课题组[118] 仅以聚丙烯酸正丁酯-*b*-聚丙烯腈（PBA-*b*-PAN）嵌段共聚物为前驱体制备得到了氮掺杂的介孔炭（copolymer-templated nitrogen carbon，CTNC），如图 1.8 所示。PBA-*b*-PAN 由原子转移自由基聚合技术[119-120] 合成，它可以自组装形成不同的相分离结构。经过热稳定环节（约 280℃），PAN 段发生交联，稳固了相分离

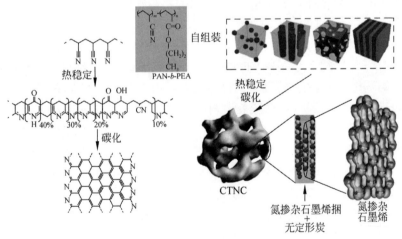

图 1.8　以 PBA-*b*-PAN 为前驱体制备氮掺杂介孔炭 CTNC[118]

为了简明，图中仅标注了位于边缘的吡啶氮

结构。随后,高温碳化使 PBA 链段分解而产生孔道,PAN 链段则因稳定的交联结构而保留下来,形成氮掺杂的炭骨架。该方法证实了同时具有牺牲链段和碳源链段且能够发生自组装的嵌段共聚物可以独自制备介孔炭。此外,原子转移自由基聚合技术可以实现聚合物链段的可控生长,从而可以合成出具有特定长度的 PBA 链段。PBA 的分解导致了介孔孔道的产生,所以不同长度的 PBA 链段将导致不同的孔道尺寸,从而实现对介孔炭孔道尺寸的有效调控[121]。与其他软模板法相比,该方法能够更有效地调控介孔炭的孔性质。

1.4.2 介孔炭的功能化

由于介孔炭的制备一般要经历高温等极端过程,使得其表面很难有足够的功能基团,从而限制了其更广泛的应用。因此,研究者们尝试了各种功能化方法,以增强介孔炭在特定领域的应用潜力[99,122-123]。

1. 杂原子掺杂

杂原子的掺杂改善了介孔炭的导电性和亲水性等物理化学性质,并增强了其在超级电容器、氧还原反应、CO_2 和金属离子吸附等方面的应用潜力。杂原子掺杂型介孔炭一般可通过采用含氮、氟、硫、硼、磷等杂原子的前驱体一步法制备得到。此外,也有许多研究者采用后修饰法制备杂原子掺杂的介孔炭。

氮掺杂型介孔炭因显著改善了炭材料的电导性能而在电化学领域得到了广泛的研究。此外,氮的掺杂也有利于提升对 CO_2 等分子的吸附性能。丙烯腈是常用的含氮前驱体,其碳化后能够得到较大氮掺杂率的炭骨架。Lu 等[124]首次报道了氮掺杂介孔炭的制备。该研究以丙烯腈为前驱体、SBA-15 为硬模板,通过丙烯腈在介孔硅孔道内的聚合、交联和碳化及硅模板的刻蚀,得到了具有较高氮含量(约 15%)的氮掺杂介孔炭。Matyjaszewski 课题组[118,121,125-127]以 PAN 为氮源和碳源,制备了多种不同的氮掺杂介孔炭,并研究了其在超级电容器、氧还原反应、CO_2 吸附等方面的性能。研究发现,介孔炭的骨架中含有吡啶氮、吡咯氮、吡啶酮氮、氧化吡啶氮和石墨化氮等多种氮物种,氮的存在显著提升了材料的电化学性能和对 CO_2 的吸附选择性。Li 等[128]和 Shin 等[129]分别以三聚氰胺甲醛树脂和吡啶衍生物为氮源制备得到氮掺杂介孔炭。Vinu 等[130]则通过乙二胺和四氯化碳在 SBA-16 孔道内的聚合和碳化等过程得到了具有高比表面积和孔体积的氮掺杂介孔炭。此外,Peng 等[131]也以乙二胺和四氯化碳为氮源和碳源,但采用 SBA-15 为模板,制备了氮掺杂介孔炭。该氮掺杂介孔炭对甲基蓝具有非常强的吸附能力,最大吸附量达到 360.8 mg/g。除了一步法制备外,Wu 等[132]采用三聚氰胺对软模板制备的有序介孔炭进行高温处理,制备得到含吡啶氮、吡咯氮和季氮等氮物种的氮掺杂有序介孔炭。研究表明,由于炭骨架中大量氮的存在,氮掺杂介孔炭的亲水性、对苯酚和 CO_2 的吸附能力均得到较大的提高。此外,他们还发现,氮掺杂炭具有较好的催化活性,在吸附苯酚的同时,还可以催化苯酚发生光降解反应。

Wan 等[133]以苯酚、4-氟苯酚和甲醛为碳源和氟源、三嵌段共聚物 PEO-b-PPO-b-PEO 为两亲性分子,采用溶剂挥发诱导自组装法(EISA)制备了具有高比表面积、孔体积和均一孔尺寸的氟掺杂型有序介孔炭。并且,通过改变苯酚和 4-氟苯酚或苯酚和三嵌段共聚物的比例,可以得到二维六方晶形和三维体心立方等不同空间结构的介孔炭。此外,氟掺杂介孔炭修饰的玻璃炭电极表现出了显著提升的电子转移速率,表明氟掺杂有利于提升介孔炭的电催化性能。Shin 等[134]以噻吩甲醇为前驱体、SBA-15 为硬模板,制备了具有超高比表面积(1930 m^2/g)的硫掺杂有序介孔炭。在 pH=1～12.8 范围内,硫掺杂有序介孔炭均对汞有很高的吸附容量(435～732 mg/g),表明硫掺杂对提升介孔炭吸附性能具有重要作用。Zhao 等[135]以间苯二酚树脂、硼酸和(或)磷酸为碳源、硼源和磷源,PEO-b-PPO-b-PEO 为两亲性分子,制备得到了硼和(或)磷掺杂型有序介孔炭。硼和(或)磷的掺杂显著提升了介孔炭的电化学性能。

2. 表面氧化

表面氧化是一种简单、有效的介孔炭功能化方法。采用具有氧化性的气体(空气、氧气、臭氧等)或液体(硝酸、过氧化氢、过硫酸铵等)对介孔炭进行处理,可以使介孔炭表面产生大量含氧功能基团,包括羧基、羟基、酮基、醚基和酸酐等。表面含氧功能基团的存在能够显著改善介孔炭在水等极性溶剂中的分散性。此外,含氧功能基团的增加也有利于提高介孔炭的电化学、吸附等性能。

Li 等[136]利用硝酸对 CMK-3 进行表面氧化处理,并研究了处理时间对 CMK-3 结构性质和表面功能基团的影响。研究发现,随着处理时间的增加,CMK-3 表面的羟基和羧基密度相应增加,但其比表面积和孔尺寸先增加后下降。当处理时间超过 1.5 h 时,CMK-3 的比表面积和孔尺寸均逐渐下降,说明过长的酸处理时间不利于保持有序介孔炭的结构性质。此外,表面增加的含氧基团产生了准电容,并导致比电容的增加。Wang 等[137]研究了温度对硝酸处理的 CMK-3 结构性质和表面基团的影响。温度的增加能够产生更多的含氧功能基团,但同时会减小比表面积。此外,通过 XPS 表征可知,介孔炭表面产生大量含氧基团且以羧基为主。表面氧化的有序介孔炭导致了超级电容器能量密度和功率密度的增加。Bazuła 等[138]系统研究了硝酸浓度、处理温度和时间对 CMK-3 和 CMK-5 两种介孔炭结构和含氧基团的影响。研究表明,较高硝酸浓度和处理温度破坏了 CMK-5 的结构。由分析可知,CMK-5 属于纳米管状结构,而 CMK-3 是内交联的纳米棒状结构,相比而言,CMK-3 的结构更稳定。Lu 等[139]也发现,即使用氧化性更温和的过氧化氢处理,CMK-5 的结构也很容易破坏,如图 1.9 所示。由此说明,在表面氧化处理时,应当选择合适的氧化剂和处理条件,保证介孔结构不会破坏。Sanchez-Sanchez 等[140]利用硝酸和过氧化氢对 CMK-3 进行氧化处理,并通过程序升温脱附、XPS 等手段系统分析了氧化介孔炭的表面化学,获得表面含氧功能基团的分布。Wu 等[141]则分别以过硫酸

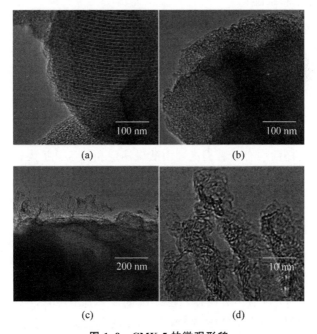

图 1.9　CMK-5 的微观形貌

(a) 过氧化氢处理前;(b)~(d) 过氧化氢处理后[139]

铵、过氧化氢和硝酸为氧化剂,系统研究了处理温度和时间对介孔炭的结构性质和表面基团的影响。研究表明,软模板法合成的 FDU-15 因高度交联的结构而比硬模板合成的 CMK-3 具有更好的酸稳定性。此外,由于大量含氧功能基团的存在,氧化介孔炭具有更强的金属离子和有机物吸附能力。Burke 等[142]采用硝酸对介孔炭泡沫进行处理。结果表明,氧化的介孔炭泡沫对 Pb(Ⅱ)具有很强的吸附能力,理论最大吸附容量达到 435 mg/g。Vinu 等[130]研究发现过硫酸铵处理的 CMK-3 对蛋白质等生物分子具有显著增强的吸附能力。Lashgari 等[143]首次采用硝酸氧化的 CMK-3 研究了不同极性的亚硝胺的微固相萃取。与原始 CMK-3 和其他 10 种商业炭基吸附剂相比,氧化的 CMK-3 对极性和非极性的亚硝胺均具有最好的吸附效果。分析可知,这主要归功于氧化的 CMK-3 表面产生了大量羧基等含氧基团,并改善了炭表面的亲水性。

表面氧化处理能够显著改变介孔炭的表面化学,同时,经氧化处理后的介孔炭表面生成的大量含氧基团有利于进一步的化学修饰[138]。

3. 磺酸化和磷酸化

磺酸化的有序介孔炭是良好的固体酸催化剂。Xing 等[144]利用发烟硫酸对两种不同空间结构的有序介孔炭 FDU-14 和 FDU-15 进行磺酸化处理,并制备得到 FDU-14-SO_3H 和 FDU-15-SO_3H。研究发现,磺酸化处理对有序介孔炭结构性质的影响较小。将两种磺酸化的有序介孔炭用于催化环己酮肟的贝克曼重排反应和芘乙醛与乙二醇的缩合反应,与传统的酸性树脂(Dowex)等催化剂相比,FDU-14-SO_3H 和 FDU-15-SO_3H 对上述反应的转化率和选择性均有显著提高。由酸碱滴定和元素分析表征可知,FDU-14-SO_3H 和 FDU-15-SO_3H 的表面磺酸基浓度分别为 2.2 mmol/g 和 1.8 mmol/g 左右,表明有序介孔炭的表面分布着大量催化位点。由以上分析可知,磺酸化处理的有序介孔炭可以作为一种稳定、高活性和高选择性的非均相催化剂。Wang 等[145]通过重氮化反应制备得到磺酸化的 CMK-5 并研究了其在酯化和缩合反应中的催化作用。由表征可知,CMK-5-SO_3H 表面的磺酸基密度为 1.9 mmol/g 左右。在乙酸和乙醇合成乙酸乙酯的反应中,CMK-5-SO_3H 在 6 h 内使乙酸乙酯的产率达到 80%,明显强于全氟磺酸树脂催化剂。此外,CMK-5-SO_3H 对苯酚和乙醛缩合反应的催化效果也显著好于磺酸化的介孔硅等催化剂,包括反应速率和选择性等。

Mayes 等[146]利用 85% 的磷酸溶液对有序介孔炭进行处理。氮气吸附-脱附测试表明,磷酸处理并没有破坏有序介孔炭的结构性质,其比表面积、孔体积和介孔尺寸都得到了较好的保持。在异丙醇脱水制丙烯的反应中,磷酸化的介孔炭表现出了显著增强的选择性和催化活性。由 XPS 表征可知,磷酸化的有序介孔炭表面含 1％(质量分数)左右的磷酸,表明表面增加的磷酸基团有利于提升介孔炭的催化性能。此外,有序介孔通道的保持也有利于磷酸基团活性位点的充分利用。

4. 化学接枝

化学接枝为介孔炭的功能化提供了更丰富的选择。根据 Stein 等[122]的报道,介孔炭的化学接枝主要包括图 1.10 所示的几种途径。其中,采用硝酸、过氧化氢和过硫酸铵等氧化剂处理使介孔炭表面产生可进一步反应的羧基和羟基等,是实施介孔炭化学接枝的主要方式之一。此外,重氮化学也广泛用于介孔炭的表面功能化。

表面含羧基、羟基等含氧功能基团的介孔炭一般通过酰氯化、硅烷偶联剂水解等方式实现进一步的化学接枝。Tamai 等[147]利用硝酸氧化处理的介孔炭与氯化亚砜反应,制备了酰氯化的介孔炭。随后,采用乙二胺、己二胺等有机分子验证该化学接枝路线的有效性。研究表明,采用该路线可以成功接枝乙二胺、己二胺等有机分子,并能够很好地保持介孔炭的结构性质。Teng 等[148]也采用氧化、酰氯化和酰胺化的路线制备了乙二胺化学接枝的有序介孔炭,如图 1.11 所示。该胺基接枝的有序介孔炭具有高比表面积($1063\ m^2/g$)、大孔体积($0.7\ cm^3/g$)和双峰的介孔分布($2.3\ nm$ 和 $4.8\ nm$)。此外,该功能介孔炭的结构性质和胺基接枝密度($2.73 \sim 3.84\ mmol/g$)可以通过改变氧化条件实现有效调控。由于优异的结构性质和高密度、带正电荷的胺基,该材料对带负电荷的大分子微囊藻素具有非常强的吸附能力,静态实验和柱实验分别证实了对微囊藻素良好的吸附性能,吸附量分别为 $580\ mg/g$ 和 $334\ mg/g$,显著高于传统活性炭的吸附能力($<64\ mg/g$)。Mohammadnezhad 等[149]则利用有序介孔炭 FDU-15 表面的酚羟基与带巯基的硅烷偶联剂共水解制备巯基化学接枝的介孔炭。采用巯基修饰的介孔炭作为聚甲基丙烯酸甲酯(PMMA)的掺杂材料,从而制备了热稳定性和力学性能显著提升的纳米复合薄膜。

重氮化学对介孔炭高效且可控的功能化具有重要意义。Dai 课题组对有序介孔炭的重氮化接枝进行了系统研究。Dai 等[150]首先研究了具有 3 种不同的对位取代基(氯基、酯基和烷基)的氨基苯对介孔炭表面的重氮

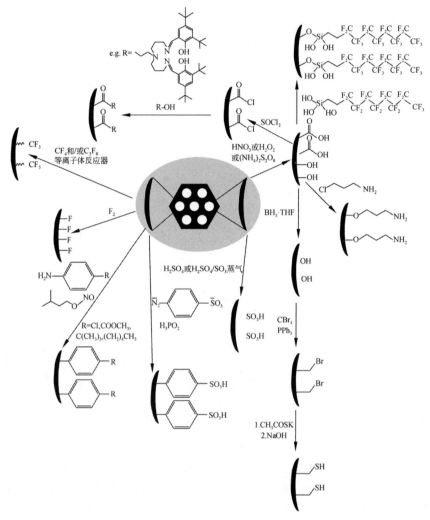

图 1.10　介孔炭的化学接枝功能化策略[122]

化接枝。研究表明,通过重氮化反应,上述 3 种氨基苯衍生物可以成功接枝到介孔炭表面。重氮化接枝介孔炭的孔径尺寸由 3 nm 减小到 1.4 nm,但六方晶形空间结构和晶胞参数等得到较好的保持。此外,该功能化介孔炭的基团接枝密度达到约 1.5 μmol/m^2,说明重氮化法是高效的介孔炭功能化方法,其仅需一步便可实现有机分子的高密度接枝。Dai 等[151]还采用重氮化法研究了不同空间结构对有机分子接枝密度的影响。结果表明,对纳米棒状结构的介孔炭而言,接枝的有机分子主要分布于其外表面。但对纳

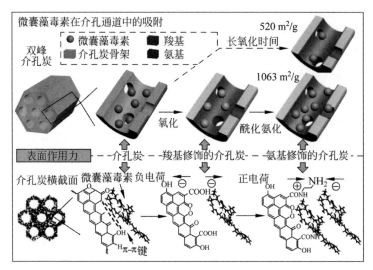

图 1.11 乙二胺化学接枝有序介孔炭的制备过程及其对微囊藻素的吸附机理[148]

米管状结构的 CMK-5 来说,有机分子可以在其内表面和外表面共同接枝。不同介孔炭的有机分子接枝密度在 $0.9 \sim 1.5~\mu mol/m^2$ 范围。随后,Dai 等[152]利用重氮盐基离子液体对介孔炭进行化学接枝,并实现了更高密度的有机分子接枝($6.07~\mu mol/m^2$)。近期,Kim 等[153]利用重氮化反应成功实现了苯胺在 CMK-3 表面的共价接枝。该法以亚硝酸钠为重氮化试剂、对苯二胺为反应分子,在 CMK-3 表面进行重氮化反应。由 XPS 表征可知,苯胺接枝 CMK-3 表面的氮摩尔含量为 4%,说明大量苯胺的成功接枝。随后,将该材料用作 Li-S 电池的电极。结果表明,由于苯胺与 Li-S 电池不溶解的放电产物间具有强烈的作用,使得不溶解的放电产物在介孔炭表面均匀地分散,显著提升了电极的稳定性和电池的倍率性能等。

除了氧化和重氮化路线,其他方法也用于介孔炭的共价修饰。Dai 等[154]采用甲亚胺叶立德的 1,3-偶极环加成反应制备了多种有机分子共价接枝的介孔炭,且接枝密度为 $0.5 \sim 1.7~\mu mol/m^2$。Almeida 等[155]利用顺丁烯二酸酐与 CMK-3 骨架碳之间的加成反应实现了含酸酐的有机分子的共价接枝,并通过进一步水解反应,得到富含羧基的功能化介孔炭。

5. 聚合物涂抹

聚合物涂抹能够显著地改善介孔炭的功能。Ryoo 等[156]研究发现,聚合物涂抹的介孔炭复合材料具有聚合物的表面性质,同时保持了介孔炭的结构性质和优异的导电性能。Ryoo 等首先将苯乙烯单体浸渍到介孔炭的微孔内和介孔表面,随后,通过苯乙烯的原位聚合,得到了聚苯乙烯均匀涂抹的介孔炭复合材料。该方法得到进一步拓展并实现了多种聚合物/介孔炭复合材料的制备。Wang 等[157]采用类似的方法成功制备了聚苯胺填充的 CMK-3 复合材料。该复合材料表现出了非常优异的电化学性能,当电流密度为 0.5 A/g 时,比电容达到 900 F/g。该性能优于当时报道的其他所有聚苯胺基材料。Wang 等[158]采用原位聚合的方法制备了聚 3,4-乙烯二氧噻吩包覆的 CMK-3 复合材料。由 SEM 表征可知,聚合物包覆的 CMK-3 具有直径更大的纳米碳棒,说明聚合物均匀包覆在有序介孔炭的表面。然而该复合材料中聚合物含量达到 67.3%(质量分数),导致 CMK-3 的孔道完全堵塞。Ji 等[159]制备了聚乙二醇包覆的 CMK-3/多硫化物 Li-S 电池电极材料。研究表明,聚乙二醇的包覆显著提升了活性硫材料的利用率,并更好地防止了多硫化物的流失,从而提高了电极的电容,延长了使用寿命。此外,聚乙二醇的亲水性也使不溶的放电产物得到更均匀的分散,进一步提升了电极的稳定性。Lee 等[160]和 Hwang 等[161]分别制备了羧甲基化聚乙烯亚胺、聚乙烯亚胺和聚乙烯胺涂抹的有序介孔炭复合材料。上述复合材料在铜离子吸附和 CO_2 吸附方面表现出了良好的性能。

除了上述功能化方法,纳米颗粒负载等方法也可用于介孔炭的功能化,并提升其在催化等领域的应用潜力[162]。由以上分析可知,介孔炭的功能化不仅改善了介孔炭的物理化学性质,同时提升了其性能和拓展了其应用范围。

1.4.3　介孔炭在放射性核素吸附领域的应用

由于良好的化学稳定性、热稳定性和辐射稳定性,以及高比表面积、大孔体积和均一的介孔尺寸,介孔炭在放射性核素的吸附分离领域得到了一定的研究。研究者将介孔炭和功能化的介孔炭作为吸附材料用于 U(Ⅵ)、Pu(Ⅵ)、Th(Ⅳ)、TcO_4(Ⅰ)和 Cs(Ⅰ)等放射性核素的吸附分离,见表 1.3。此外,稳定的 Eu(Ⅲ)用于模拟放射性 Am(Ⅲ)进行吸附研究。

表 1.3　不同介孔炭基材料对放射性核素的吸附能力比较

吸　附　剂	吸附对象	实　验　条　件	最大吸附容量/(mg/g)
OXCMK[163]	Pu(Ⅵ)	pH=4	58±5
C-CS-COOH[164]	Eu(Ⅲ)	pH=4	138

吸 附 剂	吸附对象	实 验 条 件	最大吸附容量/(mg/g)
CMK-3[166]	Th(Ⅳ)	pH＝3,θ＝25℃	27
Fe$_3$O$_4$-O-CMK-3[167]	Cs(Ⅰ)	pH＝6,θ＝25℃	205
Oxime-CMK-5[168]	U(Ⅵ)	pH＝4,θ＝10℃	65
CMK-3[169]	U(Ⅵ)	pH＝6,θ＝25℃	179
CMK-3-COOH[169]	U(Ⅵ)	pH＝5.5,θ＝25℃	250
MC-O-PO(OH)$_2$[170]	U(Ⅵ)	pH＝4,θ＝30℃	97
MC-O-PO(OH)$_2$[170]	U(Ⅵ)	pH＝8.2,θ＝22℃	67
CMK-3[171]	U(Ⅵ)	pH＝6,θ＝25℃	50
PANI-CMK-3[171]	U(Ⅵ)	pH＝7,θ＝25℃	118
CMK-3-SO$_3$H[172]	U(Ⅵ)	pH＝5,θ＝25℃	186
CMK-3-PO$_4$[173]	U(Ⅵ)	pH＝6,θ＝25℃	485
AO/CMK-3[174]	U(Ⅵ)	pH＝5,θ＝25℃	238

Parsons-Moss 等[163]利用表面氧化的 CMK 型有序介孔炭研究了 Pu(Ⅵ)的吸附。研究表明,表面氧化的 CMK(OX CMK)对 Pu(Ⅵ)的吸附能力强于原始 CMK。与活性炭相比,由于有序的介孔通道和丰富的表面基团,OX CMK 具有更快的吸附速度和更高的吸附容量。在 pH＝4、吸附时间为 23 h 时,OX CMK 对 Pu(Ⅵ)的吸附量为 58±5 mg/g,而活性炭的吸附量仅为 12±5 mg/g。通过 X 射线吸收光谱表征发现,OX CMK 不仅与 Pu(Ⅵ)具有强的相互作用,还能够将 Pu(Ⅵ)还原成 Pu(Ⅳ)。Parsons-Moss 等[164]还利用三维立方结构的 FDU-16 和二维六方结构的 C-CS 两种有序介孔炭及它们的过硫酸铵氧化产物 FDU-16-COOH 和 C-CS-COOH 对 Eu(Ⅲ)和 Pu(Ⅵ)进行了吸附分离研究。由于含氧功能基团的存在,FDU-16-COOH 和 C-CS-COOH 对 Eu(Ⅲ)和 Pu(Ⅵ)具有更强的吸附能力,C-CS-COOH 对 Eu(Ⅲ)的理论最大吸附量达到 138 mg/g(pH＝4),且在 pH＝2～6 范围内,均对 Pu(Ⅵ)具有较好的吸附效果。由 X 射线吸收光谱和 TEM 表征可知,C-CS 也能够将 Pu(Ⅵ)还原成 Pu(Ⅴ)和 Pu(Ⅳ),并对产生的 PuO$_2$ 胶体具有优异的吸附能力。Petrovic 等[165]利用氧化有序介孔炭对 TcO$_4$(Ⅰ)进行了吸附研究。在 pH＝4～10 范围内,pH 对氧化有序介孔炭吸附 TcO$_4$(Ⅰ)的影响很小。当 pH 为 2 时,氧化有序介孔炭对 TcO$_4$(Ⅰ)具有最大的分配比,达到 6600 cm^3/g。在 60 min 内,吸附可以达到平衡。此外,Zhang 等[166]研究了 CMK-3 对 Th(Ⅳ)的吸附性能。在 pH＝3

时,CMK-3 对 Th(Ⅳ)的吸附能力最强,理论最大吸附量为 27 mg/g($\theta=$ 25℃),达到吸附平衡需要的时间为 175 min。CMK-3 对 Th(Ⅳ)的吸附过程是自发、放热的。Husnain 等[167]采用硝酸氧化、Fe(Ⅱ)和 Fe(Ⅲ)共沉淀等方法制备了氧化的超顺磁有序介孔炭复合吸附剂 Fe_3O_4-O-CMK-3。该复合吸附剂对 Cs(Ⅰ)有良好的吸附性能,在 5 min 左右,Fe_3O_4-O-CMK-3 可以达到吸附平衡,其对 Cs(Ⅰ)的理论最大吸附容量为 205 mg/g,高于大部分磁性材料。此外,在高浓度的 K(Ⅰ),Na(Ⅰ),Li(Ⅰ),Ca(Ⅱ)和 Sr(Ⅱ)共存下,Fe_3O_4-O-CMK-3 对 Cs(Ⅰ)具有较好的吸附选择性。经过 6 次循环,Fe_3O_4-O-CMK-3 仍然对 Cs(Ⅰ)有较高的吸附量。

Tian 等[168]采用重氮化反应制备了氨肟基接枝的功能化介孔炭(Oxime-CMK-5)并研究了其对 U(Ⅵ)的吸附性能。FT-IR 和 TGA 等手段证实了氨肟基的成功接枝。与原始介孔炭相比,当 pH 在 3.0～4.5 时,Oxime-CMK-5 的吸附能力显著提升,且在多种离子共存条件下,Oxime-CMK-5 对 U(Ⅵ)具有更好的选择性,但该吸附剂对 Cr(Ⅲ)也有一定的吸附能力。此外,Oxime-CMK-5 对 U(Ⅵ)的吸附速度较快,30 min 可达到吸附平衡,且其对 U(Ⅵ)的最大吸附量为 65 mg/g。Wang 等[169]研究了 CMK-3 和氧化的 CMK-3(CMK-3-COOH)对 U(Ⅵ)的吸附性能,在 pH 分别为 6.0 和 5.5 的条件下,CMK-3 和 CMK-3-COOH 对 U(Ⅵ)的最大吸附量分别为 179 mg/g 和 250 mg/g,且 CMK-3-COOH 对 U(Ⅵ)具有更好的吸附选择性。Carboni 等[170]制备了偕氨肟基、羧基、磷酸基和磷酰基等多种基团功能化的介孔炭,并研究了它们对酸性废水和人工海水中 U(Ⅵ)的吸附性能。结果表明,磷酸基功能化的介孔炭具有最强的吸附能力,最大吸附容量为 97 mg/g(酸性废水,pH=4.0)和 67 mg/g(人工海水,pH=8.2)。Gorka 等[175]采用超声法实现了丙烯腈在 CMK-3 表面的共价接枝,并通过羟胺处理,将氰基转化成对 U(Ⅵ)具有强配位作用的偕氨肟基。功能化的 CMK-3 对海水中的 U(Ⅵ)具有良好的吸附性能。此外,研究表明,超声处理很大程度上避免了有机分子的接枝对介孔通道的堵塞。Liu 等[171]采用原位聚合法制备了聚苯胺涂抹的 CMK-3(PANI-CMK-3),并研究了其对 U(Ⅵ)的吸附性能。结果表明,PANI-CMK-3 对 U(Ⅵ)的吸附能力显著强于 CMK-3,最大吸附容量为 118 mg/g,且 PANI-CMK-3 对 U(Ⅵ)具有较好的吸附选择性。Zhang 等分别制备了磺酸化的 CMK-3(CMK-3-SO_3H)[172]和磷酸化的 CMK-3(CMK-3-PO_4)[173]。CMK-3-SO_3H 和 CMK-3-PO_4 对 U(Ⅵ)的理论最大吸附容量分别为 186 mg/g 和 485 mg/g。

Zhang 等[174]还制备了聚丙烯腈涂抹的 CMK-3(AO/CMK-3),并通过羟胺处理,将氰基转化成偕氨肟基。该复合材料对 U(Ⅵ)的理论最大吸附容量为 239 mg/g。

1.5　选题意义和研究内容

对含铀废水中铀的富集分离不仅可以减少铀污染的危害,同时可能缓解我国铀资源存储量与实际需求不匹配的现实问题。因能耗低、工艺简单、空间占用小、不产生污泥且适用于体积大、浓度较低的含铀废水体系等特点,吸附法在铀的富集分离方面得到了广泛的关注。高性能铀吸附材料的研发是影响吸附法能否用于实际含铀废水体系的关键因素之一。截至目前,矿石、生物类材料、高分子材料和介孔硅、碳纳米管、石墨烯等无机纳米材料均用于铀的富集分离研究。作为一种无机纳米材料,介孔炭不仅具有与介孔硅类似的均一的介孔通道、高比表面积和大孔体积等特点,同时具有纳米炭材料良好的机械稳定性、化学稳定性和辐照稳定性等。将介孔炭用于铀的吸附分离研究正在逐渐受到关注。然而,由于介孔炭的表面呈化学惰性,与介孔硅和氧化石墨烯等无机纳米材料相比,其对铀的吸附能力相对更弱。因此,许多研究者尝试对介孔炭进行功能化,从而提高其对铀的吸附能力。但目前而言,相较于已经发展成熟的介孔硅化学功能化方法,针对表面具有化学惰性的介孔炭的功能化方法仍然比较有限。因此,需要探索更多有效的方法实现介孔炭的功能化,并系统地研究不同类型的功能化介孔炭材料对铀的吸附行为,评价其在铀的富集分离领域的应用潜力。综上所述,开发新的介孔炭功能化方法并比较研究不同功能化介孔炭对铀的吸附性能不仅具有学术价值,同时对于铀的富集分离技术的发展也具有重要意义。

基于以上分析,本书分别采用骨架氮掺杂、表面氧化、多巴胺聚集体沉积和聚甲基丙烯酸缩水甘油酯可控接枝四种不同的方法制备了一系列功能化介孔炭,并系统研究和对比了其对铀的吸附性能。其中,多巴胺聚集体沉积和聚甲基丙烯酸缩水甘油酯可控接枝属于制备功能化介孔炭的新方法,骨架氮掺杂型介孔炭也通过改进的方法制备得到。本书的具体研究内容如下:

(1)骨架氮掺杂型介孔炭的制备及对铀的吸附性能。采用催化剂再生型原子转移自由基聚合(ATRP)技术合成三种不同链长的嵌段共聚物聚丙烯腈-*b*-聚丙烯酸正丁酯(PAN-*b*-PBA),并以其为软模板,制备了三种不同结构性质的骨架氮掺杂型介孔炭。此外,采用不同的碳化温度制备了两种以 PAN 为模板的氮掺杂炭(PANC)和两种以 PAN-*b*-PBA 为模板的氮掺杂炭 CTNC,并研究了四种氮掺杂炭在不同 pH 条件下对铀的吸附能力和吸附选择性。

(2) 表面氧化型有序介孔炭的制备及对铀的吸附性能。采用软模板法制备了六方晶形有序介孔炭 FDU-15,并利用过硫酸铵对其进行氧化处理,得到表面氧化型 FDU-15。深入分析了表面氧化型 FDU-15 的结构性质和表面化学,并系统研究了其对铀的吸附性能和吸附选择性。

(3) 多巴胺聚集体沉积型介孔炭的制备及对铀的吸附性能。首次将生物分泌的多巴胺引入介孔炭的表面功能化领域,通过多巴胺的聚集和沉积,制备了多巴胺聚集体(PDA)沉积型有序介孔炭(CMK-3-PDA)。深入分析了多巴胺浓度、沉积时间等不同的实验条件对生成的 CMK-3-PDA 的结构性质、元素组成、功能基团分布和铀吸附能力的影响。此外,系统研究了CMK-3 和 CMK-3-PDA 对铀的吸附性能和吸附选择性。

(4) 聚合物接枝型介孔炭的可控制备。建立了多巴胺化学耦合 ICAR ATRP 改性介孔炭的方法,以两种多巴胺聚集体沉积型介孔炭 CMK-3-PDA 和 CTNC-PDA 为反应平台,实现 ATRP 引发剂的接枝,并探讨了聚甲基丙烯酸缩水甘油酯(PGMA)在两种不同结构性质的介孔炭表面的生长规律。最后,实现了结构性质保持良好和高功能基团接枝量的 PGMA 接枝型介孔炭的可控制备。

(5) 聚合物接枝型介孔炭的乙二胺共价修饰及对铀的吸附性能。对 PGMA 接枝型 CMK-3 进行乙二胺共价修饰,系统研究乙二胺共价修饰的 PGMA 接枝型 CMK-3 对铀的吸附性能和吸附选择性,并比较了 CMK-3 和 CMK-3-PDA 等吸附剂对铀的吸附性能。

第 2 章　骨架氮掺杂型介孔炭的制备及对铀的吸附性能

2.1　引　　言

氮掺杂介孔炭是一类炭骨架中富含氮元素的介孔炭材料。由于特殊的元素组成和优良的结构性质,氮掺杂介孔炭已经得到广泛的研究。在氮掺杂介孔炭的骨架中,氮元素以多种形式存在。研究报道表明,氮掺杂介孔炭中的氮可能主要包括吡啶氮、吡咯氮、吡啶酮氮、氧化吡啶氮、石墨化氮和季氮等[118]。由于多种不同的氮类型,氮掺杂介孔炭在多个领域均具有较大的应用潜力,包括超级电容器[176]、氧还原反应[177]、CO_2 吸附[178]和催化[179]等。

一般来说,含氮的配体对许多金属离子具有较强的配位作用。然而,截至目前,将骨架氮掺杂炭应用于金属离子吸附分离方面的研究报道还非常少。Jia 等[180]制备了多种炭材料,包括非氮掺杂炭和氮掺杂炭,并研究了它们对 Cd(Ⅱ),Ni(Ⅱ)和 Cu(Ⅱ)的吸附性能。研究表明,氮掺杂炭对上述金属离子具有显著提高的吸附能力,并且,吸附量的增加与氮含量的增加呈很强的相关性。因此,该研究认为炭材料骨架中的氮可以作为金属离子的配位点,从而对金属离子具有更强的吸附能力。Zaini 等[181]也证实骨架掺杂氮对金属离子的吸附具有重要影响。根据软硬酸碱理论,含氮配体也是U(Ⅵ)的良好配体,但尚未有人研究炭骨架中的氮能否与 U(Ⅵ)发生配位作用。因此,证实骨架氮与 U(Ⅵ)的配位作用具有重要的学术价值。此外,探究氮掺杂介孔炭是否具有比非氮掺杂型介孔炭更强的铀吸附能力也具有重要的意义。

采用原子转移自由基聚合(ATRP)技术合成的嵌段共聚物 PAN-b-PBA 可以作为软模板制备高氮含量的骨架氮掺杂型介孔炭(CTNC)[118]。其中,PBA 是牺牲聚合物链段,PAN 是氮源和碳源。利用 ATRP 技术可以实现分子量和分子量分布的高效调控,从而制备具有特定分子链长度和组成的嵌段聚合物,进而得到具有不同结构性质的 CTNC。由于高的比表面积和丰富的氮元素,CTNC 在超级电容器[118]、氧还原反应[126]、产氢反应[182]、CO_2 吸附[125]和染色敏化的太阳能电池[183]等领域表现出了优良的性能。然而,以往的研究均采用普通的 ATRP 技术合成 PAN-b-PBA。该技术对体系无氧等要求非常苛刻,且需要使用大量的铜催化剂。无论是从实施难度还是成本角度来看,该方法均有较大的缺点。因此,本书采用催化剂再生的 ATRP 技术合成 PAN-b-PBA,增强反应体系对环境的容忍度,并且显著减少铜催化剂的用量,避免复杂的除铜步骤,同时降低合成成本。

本章首先采用引发剂连续再生催化剂型(ICAR)ATRP 制备得到了不同链长的 PAN-Br 大引发剂。随后,采用补充催化剂和还原剂型(SARA)ATRP 对 PAN-Br 进行 PBA 嵌段的接枝生长。通过对 PBA 聚合程度的控制,制备了一系列不同分子量但 PAN 和 PBA 比例类似的 PAN-b-PBA(PAN 含量约为 40%(质量分数))。经过热处理交联和碳化等过程,制备得到一系列结构性质不同的 CTNC。为了系统研究比表面积和氮含量对铀吸附性能的影响,采用不同的温度对 PAN-Br 大引发剂和 PAN-b-PBA 进行碳化处理,从而得到不同结构性质和氮组成的氮掺杂炭。随后,将上述氮掺杂炭用于研究对铀的吸附性能和吸附选择性。利用差示扫描量热法(DSC)、热重分析(TGA)、透射电子显微镜(TEM)、氮气吸附-脱附测试和 X 射线光电子能谱(XPS)等分析 PAN-Br 和 PAN-b-PBA 的分解过程和氮掺杂炭的微观形貌、结构性质、元素组成及氮元素种类分布。

2.2 实 验 部 分

2.2.1 实验试剂

本实验所需的主要化学试剂如下:丙烯腈(acrylonitrile,AN):Sigma-Aldrich,纯度大于 99%;丙烯酸正丁酯(n-butyl acrylate,BA):Sigma-Aldrich,纯度大于 99%;溴丙腈(Bromopropionitrile,BPN):Sigma-Aldrich,纯度为 97%;溴化铜($CuBr_2$):Acros Organics,纯度大于 99%;偶氮二异丁腈(2,2'-azoisobutyronitrile,AIBN):Sigma-Aldrich,纯度为 98%;铜线(Cu wire):Sigma-Aldrich,纯度大于 99.9%,直径为 1 mm;N,N-二甲基甲酰胺(dimethylformamide,DMF):Fisher,纯度为 99.9%;二甲基亚砜(dimethyl sulfoxide,DMSO):Fisher,纯度为 99.9%;三(2-吡啶

甲基)胺(tris(2-pyridylmethyl)amine,TPMA)：据文献合成[184]。

2.2.2　材料制备

2.2.2.1　PAN-*b*-PBA 的合成

PAN-*b*-PBA 的合成主要包括 PAN-Br 的合成和 BA 对 PAN-Br 的链扩展。如图 2.1 所示,首先采用 ICAR ATRP 技术合成 PAN-Br,随后,利用 SARA ATRP 技术对 PAN-Br 进行 BA 链扩展。

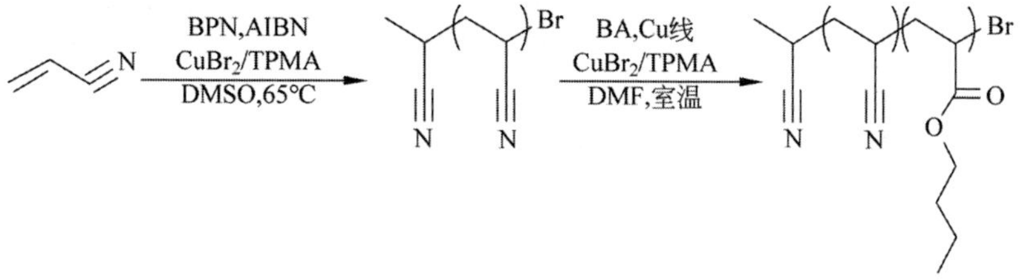

图 2.1　PAN-*b*-PBA 的合成路线

(1) PAN-Br 的合成。将一定量的 AIBN 和一定体积的 DMSO 加入希莱克瓶中,通入氮气进行鼓泡处理,以排出体系中的氧气。此外,将一定量的 CuBr$_2$,TPMA,DMSO 和 DMF 混合,通入氮气 20 min 进行鼓泡处理,保证体系中氧气被完全排出,随后用微量进样器将 BPN 加入该体系,再将所得溶液在氮气保护下转移到希莱克瓶中。与此同时,将经过 20min 氮气鼓泡处理的一定体积的 AN 单体转移至希莱克瓶中。封闭反应体系,将温度升至 65℃。通过定时取样监测反应动力学,并根据目标转化率来选择停止反应的时间,从而制备得到特定聚合度(聚合度是指聚合物链的平均单体重复单元数)的 PAN-Br。将反应溶液缓慢滴加到甲醇和水的混合溶液(4∶1,体积比)中使 PAN-Br 沉淀出来,并转移至真空烘箱中干燥。

(2) BA 对 PAN-Br 进行链扩展。将一定质量的 PAN-Br 溶解于一定体积的 DMF,持续搅拌直到溶液基本透明。随后,缓慢滴加 BA,尽量不让 PAN-Br 明显沉淀。结束后,加入一定量的 CuBr$_2$ 和 TPMA,并向上述体系通入氮气,鼓泡 30min,排出体系中的氧气。在氮气保护下,加入 HCl 和甲醇的混合溶液(1∶1,体积比)处理过的 Cu 线,随即封闭反应体系,并让反应在室温下进行。通过定时取样监测反应动力学,并根据目标转化率来选择停止反应的时间,从而制备得到具有不同链长的 PAN-*b*-PBA。将反应溶液缓慢滴加到甲醇和水的混合溶液(1∶1,体积比)使 PAN-*b*-PBA 沉淀出来,并转移至真空烘箱中干燥。

2.2.2.2　氮掺杂炭的制备

氮掺杂炭的制备主要涉及 PAN 段的热处理交联和高温碳化两个步骤。图 2.2 是氮掺杂介孔炭 CTNC 的制备过程。

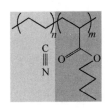 热处理交联
空气,280℃  高温碳化
氮气,800℃

图 2.2　氮掺杂介孔炭的制备过程

将 PAN-Br 或 PAN-b-PBA 放置于管式炉中,在空气气氛下(流量为 150 mL/min),以 1℃/min 的速率将炉温升至 280℃,并在该温度下保持 1 h。结束后,让炉温自然降到室温。随后,在氮气气氛下(流量为 150 mL/min),将炉温以 10℃/min 的速率升至 500℃ 或 800℃,并在该温度下保持 30 min。结束后,让炉温自然降到室温,即可得到氮掺杂炭。其中,由 PAN-Br 高温碳化得到的氮掺杂炭命名为 PANC,由 PAN-b-PBA 高温碳化得到的氮掺杂炭命名为 CTNC。

2.2.3　仪器与表征方法

^{1}H NMR 在 Bruker Avance 300 MHz 光谱仪上进行,用于确定单体的转化率和 PAN-Br,PAN-b-PBA 的分子量,DMSO-d_6 用作单体和 PAN-Br 的氘代试剂,DMF-d_7 用作 PAN-b-PBA 的氘代试剂。

凝胶渗透色谱(GPC)用于分析聚合物的分子量及其分布。GPC 系统使用 Waters 515 HPLC 型泵和 Waters 2414 型折光率检测仪,以 LiBr 浓度为 10 mmol·L^{-1} 的 DMF 溶液作为洗脱液,流速为 1 mL/min,温度为 50℃,线性聚乙烯氧化物用作 PAN-Br 的校准物。

DSC 在 TA Instruments Q20 和 Q2000 及 Seiko DSC2100 上进行,用于分析 PAN-b-PBA 的热学性质。气体为 20 mL/min 的氮气或空气,样品质量为 1～5 mg。

TGA 在 TA instruments Q50 上进行,用于分析 PAN-Br 和 PAN-b-PBA 的热分解过程。氮气或空气流速为 60 mL/min,样品温度为室温至

800℃,升温速率为 10℃/min。

TEM 在 HT-7700 透射电子显微镜仪器上进行,用于表征 CTNC 和 PANC 的微观形貌。首先将 CTNC 和 PANC 分散于乙醇中,超声 10 min 左右,用滴管将上述分散液滴于有碳膜的铜网上,并在 120 kV 加速电压条件下观察。

氮气吸附-脱附实验在 Micromeritics Gemini Ⅶ 2390 表面积分析仪和 VacPrep 061 脱气装置上进行,用于表征 CTNC 和 PANC 的结构性质,包括比表面积、孔体积、平均孔尺寸和孔径分布等。在测试前,CTNC 和 PANC 均在 300℃ 条件下真空脱气 6 h 以上。采用 Brunauer-Emmett-Teller(BET)法计算比表面积,t-plot 方法测定微孔表面积和介孔表面积。此外,参考氮气吸附数据,并采用 Barrett-Joyner-Halenda(BJH)方法测定孔体积、平均孔尺寸和孔径分布。

XPS 在 ESCALAB 250Xi 型 X 射线光电子分光仪上进行,用于 CTNC 和 PANC 的元素组成和氮元素种类分布的表征。单色 Al Kα 为 X 射线源,分析模型为 CAE。

2.2.4　吸附实验

采用硝酸铀酰配制 200 g/L U(Ⅵ)溶液(pH=2)。将上述 U(Ⅵ)溶液稀释到 100 mg/L,并使用 0.01 mol/L 高氯酸钠控制溶液离子强度。此外,使用硝酸溶液和氢氧化钠溶液调节 U(Ⅵ)溶液的 pH。本章主要研究了 pH 分别为 2,3,4,5,6 和 7 时 PANC 和 CTNC 对铀的吸附性能,吸附时间为 24 h,固液比为 1 g/L,吸附实验均在 22℃ 下进行。吸附结束后,采用 0.45 μm 的微孔滤膜进行固液分离,剩余铀溶液的浓度采用 721 型分光光度计测量(波长为 650 nm)。计算吸附量 Q(mg/g)和分配比 K_d(L/g)的方程如下:

$$Q = \frac{C_0 - C_t}{m} \times V \tag{2-1}$$

$$K_d = \frac{C_0 - C_t}{C_t} \times \frac{V}{m} \tag{2-2}$$

其中,C_0(mg/L)和 C_t(mg/L)分别代表初始和吸附时间为 t 时溶液中的铀浓度,V(L)代表铀溶液的体积,m(g)代表吸附剂质量。

采用 pH 为 5、多种金属离子共存的溶液研究 CTNC-800 对铀的吸附选择性。溶液中金属离子的组成情况见表 2.1。吸附时间为 72 h,固液比为 2 g/L,温度为 28℃。采用电感耦合等离子体原子发射光谱法(inductively coupled plasma-atomic emission spectrometry,ICP-AES)测定各金属离子的浓度。选择性系数 S 是评价材料对金属离子吸附选择性的重要参数,它是不同金属离子的分配比的比值。相对于金属离子 $R(n)$,材料对 U(Ⅵ)的选择性系数可以表示成

$$S_{U(Ⅵ)/R(n)} = \frac{K_{d,U(Ⅵ)}}{K_{d,R(n)}} \tag{2-3}$$

其中,$K_{d,U(Ⅵ)}$ 和 $K_{d,R(n)}$ 分别代表 U(Ⅵ)和金属离子 $R(n)$ 的分配比,n 代表金属 R 的价态。

表 2.1　水溶液中金属离子组成

共存离子	金属盐	浓度/(mg/L)
K(Ⅰ)	氯化钾	307.5
Co(Ⅱ)	六水氯化钴	122.7
Ni(Ⅱ)	六水硝酸镍	128.2
Zn(Ⅱ)	氯化锌	125.3
Sr(Ⅱ)	六水氯化锶	209.5
La(Ⅲ)	水合氯化镧	250.5
Cr(Ⅲ)	六水氯化铬	97.4
U(Ⅵ)	硝酸铀酰	412.8

2.3　结果与讨论

2.3.1　嵌段共聚物 PAN-b-PBA 的合成

2.3.1.1　PAN-Br 的合成

ICAR ATRP 能够在低 Cu 催化剂浓度的条件下实现 PAN-Br 的可控合成,并且对合成聚合物的聚合度及分子量分布可以实现高效的控制[185-186]。

如表 2.2 所示,根据表中的实验条件,成功制备了一系列聚合度不同的 PAN-Br 大引发剂。为得到聚合度分别为 80,120 和 180 左右的 PAN-Br 大引发剂,在不同的实验参数下,根据对反应动力学的监测,成功合成了特定聚合度的 PAN-Br 大引发剂。以(AN)₈₆ 合成为例,AN 与引发剂的摩尔比为 200∶1,说明当转化率为 40% 左右时,可以得到平均链长为 80 个 AN 重复单元的 PAN-Br。如图 2.3 所示,采用 ^{1}H NMR 对不同时间的反应溶

液进行监测，得到单体的转化率，并在目标转化率时停止反应。随着反应时间的延长，转化率相应增加，且聚合物的分子量分布曲线出现相应的位移。当转化率为 41% 左右时，停止反应。根据所得聚合物的 ^{1}H NMR 分析，PAN-Br 的聚合度为 86。按照类似的过程，分别得到了聚合度为 122 和 184 的 PAN-Br（表 2.2）。三种 PAN-Br 的分子量分布均较窄（$M_w/M_n <$ 1.25，M_w 和 M_n 分别代表质均分子量和数均分子量），且由 NMR 得到的数均分子量 $M_{n,NMR}$ 与 GPC 得到的数均分子量 $M_{n,GPC}$ 相近，表明聚合过程得到了很好的控制。

表 2.2　采用 ICAR ATRP 合成不同聚合度 PAN-Br 的实验条件和结果

样品	聚合度	聚合时间/h	转化率/%	$M_{n,NMR}$	$M_{n,GPC}$	M_w/M_n
$(AN)_{86}$	86	4	41	4697	5362	1.24
$(AN)_{122}$	122	3.5	67	6607	7478	1.24
$(AN)_{184}$	184	3	43	9897	9660	1.21

注：$(AN)_{86}$ 的合成条件为[AN]∶[BPN]∶[AIBN]∶[CuBr$_2$]∶[TPMA]=200∶1∶0.1∶0.01∶0.03，$V_{AN}=30$ mL，AN∶DMSO=1∶1.25（体积比），DMF∶DMSO=1∶10（体积比）；$(AN)_{122}$ 的合成条件为[AN]∶[BPN]∶[AIBN]∶[CuBr$_2$]∶[TPMA]=200∶1∶0.4∶0.01∶0.03，$V_{AN}=20$ mL，AN∶DMSO=1∶1.25（体积比），DMF∶DMSO=1∶10（体积比）；$(AN)_{184}$ 的合成条件为[AN]∶[BPN]∶[AIBN]∶[CuBr$_2$]∶[TPMA]=400∶1∶0.4∶0.02∶0.06，$V_{AN}=30$ mL，AN∶DMSO=1∶1.25（体积比），DMF∶DMSO=1∶10（体积比）。

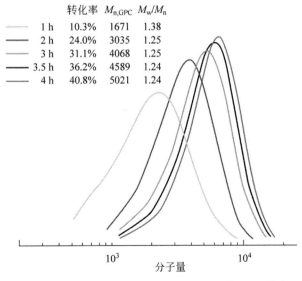

	转化率	$M_{n,GPC}$	M_w/M_n
1 h	10.3%	1671	1.38
2 h	24.0%	3035	1.25
3 h	31.1%	4068	1.25
3.5 h	36.2%	4589	1.24
4 h	40.8%	5021	1.24

图 2.3　不同聚合时间时 PAN-Br 的分子量分布（见文前彩图）

2.3.1.2 PAN-*b*-PBA 的合成

SARA ATRP 是一种改进的 ATRP 技术,其特点是向体系添加零价铜(Cu^0)。研究表明,Cu^0 不仅可以作为二价铜(Cu^{II})的还原剂实现一价铜(Cu^I)的再生,而且其本身也作为补充的催化剂,能够催化单体聚合[187]。当采用 SARA ATRP 时,在低浓度的 $CuBr_2$(50 mg/L)加入下,聚合即可得到非常好的控制。此外,SARA ATRP 可以使聚合在室温下进行,大大节省了成本。因此,本章采用 SARA ATRP 对 PAN-Br 大引发剂进行 PBA 链扩展,实现具有特定组成的 PAN-*b*-PBA(PAN 含量为 40%(质量分数)左右)的可控制备。

为得到特定组成的 PAN-*b*-PBA,需要精确控制 PBA 的聚合度。当选用某一种[BA]/[PAN-Br]摩尔比时,可通过控制 BA 单体转化率来实现特定聚合度 PBA 的合成。在不同的实验条件下,通过 ^1H NMR 对转化率进行监测,最终得到了三种 PAN 含量相近的 PAN-*b*-PBA,见表 2.3。此外,如图 2.4 所示,与$(AN)_{86}$ 相比,$(AN)_{86}$-*b*-$(BA)_{54}$ 分子量分布曲线有明显的位移,说明 PBA 链段的成功扩展。$(AN)_{86}$-*b*-$(BA)_{54}$ 和$(AN)_{122}$-*b*-$(BA)_{79}$ 的分子量分布 M_w/M_n 均较小,说明聚合过程得到了较好的控制。$(AN)_{184}$-*b*-$(BA)_{124}$ 的 M_w/M_n 偏大(1.29),主要是由于 PAN-Br 不能溶于 BA。向 PAN-Br 的 DMF 溶液中滴加 BA 时,PAN-Br 容易沉淀,且 PAN-Br 分子量越大,越容易析出,使聚合过程更难以控制。但随着反应的进行,BA 逐渐消耗,生成的 PAN-*b*-PBA 也更易溶于 BA,从而使反应体系逐渐向均相体系过渡,保证 PAN-*b*-PBA 的可控合成。

表 2.3　采用 SARA ATRP 合成不同链长 PAN-*b*-PBA 的实验条件和结果

样　　品	[BA]/[PAN-Br]/[CuBr$_2$]	转化率/%	PAN 含量/%(质量分数)	$M_{n,NMR}$	M_w/M_n
$(AN)_{86}$-*b*-$(BA)_{54}$	70∶1∶0.0035	77	39.7	11 600	1.24
$(AN)_{122}$-*b*-$(BA)_{79}$	125∶1∶0.006 25	60	39.0	16 700	1.19
$(AN)_{184}$-*b*-$(BA)_{124}$	150∶1∶0.0075	76	38.0	25 800	1.29

注:$(AN)_{86}$-*b*-$(BA)_{54}$ 的合成条件为 $V_{BA}=17.5$ mL,BA∶DMF=1∶3(体积比),Cu 线(14 cm×1 mm),聚合时间 33 h;$(AN)_{122}$-*b*-$(BA)_{79}$ 和$(AN)_{184}$-*b*-$(BA)_{124}$ 的合成条件为 $V_{BA}=5.5$ mL,BA∶DMF=1∶4(体积比),Cu 线(5 cm×1 mm),聚合时间分别为 24 h 和 96 h。其他条件:[CuBr$_2$]∶[TPMA]=1∶3,室温下反应。

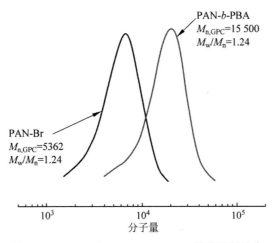

图 2.4 （AN）₈₆ 和（AN）₈₆-b-（BA）₅₄ 的分子量分布

2.3.2　嵌段共聚物 PAN-b-PBA 的热学分析

　　PAN-b-PBA 的热学性质能够很好地描述嵌段共聚物向介孔炭的转变过程。在制备氮掺杂介孔炭的过程中，PAN-b-PBA 主要经历了 PAN 段交联和 PBA 段热分解等过程。PAN 段的交联对于制备结构性质良好的氮掺杂介孔炭具有重要意义，因为它能够在 PBA 段热分解之前将嵌段共聚物的自组装形貌稳定下来。因此，需要选择合适的条件对 PAN-b-PBA 进行热处理，使 PAN 段交联，同时防止 PBA 段在热处理交联环节分解。

　　如图 2.5 所示，三种 PAN-b-PBA 样品分别在氮气和空气气氛下进行 DSC 分析。在氮气气氛下加热时，由于 PAN 段的交联，产生了一个陡峭的放热峰，峰位置在 303～310℃ 处。此外，PBA 段的热分解还导致了一个较平缓的吸热峰，峰位置在约 396℃ 处。上述过程说明，在氮气气氛下，PAN 段的交联和 PBA 段的热分解是分开进行的。然而，在空气气氛下，PAN-b-PBA 的 DSC 热分析曲线出现了两个较宽且有部分重叠的放热峰。其中，由 250℃ 开始并在 325～340℃ 处达到最大值的放热峰归属于 PAN 段的交联。这样一个缓慢的放热过程有利于得到结构性质良好的介孔炭，而在氮气气氛下，交联过程的放热过快，容易导致聚合物形貌的破坏[188]。此外，在 PAN 段交联过程中，氧气的参与能够得到更稳定的聚合物，并且促进碳化过程[189-190]。在 378～394℃ 处的放热峰则归属于 PBA 段的氧化分解。与氮气气氛相比，空气气氛下的 PBA 段在更低的温度时即分解并且与 PAN 段的交联过程存在重合。因此，PAN-b-PBA 更适合在空气气氛且温

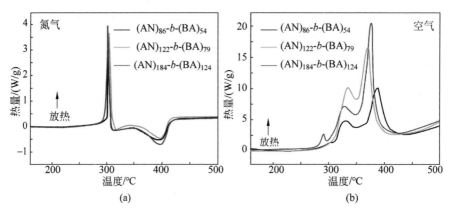

图 2.5　不同分子量 PAN-*b*-PBA 的 DSC 图谱(见文前彩图)

度低于 300℃的条件下实施热处理交联过程,且升温速率应比较缓慢,从而使 PAN 段充分交联,同时 PBA 未开始分解。

　　采用热重分析进一步研究 PAN-*b*-PBA 的分解过程,如图 2.6 所示。所有 PAN-*b*-PBA 的质量损失曲线均经历了 3 个过程,分别为 PAN 段的交联、PBA 段的热分解和交联的 PAN 段的碳化。在氮气气氛下,当温度低于 300℃时,PAN-*b*-PBA 几乎没有质量损失。300～330℃区间较小的质量损失主要归因于 PAN 段的交联,而 360～430℃区间较大的质量损失是由于 PBA 段的热分解,这些温度范围与 DSC 分析的结果基本一致。此外,430～800℃区间内质量的继续下降主要是由于交联的 PAN 段的持续碳化。

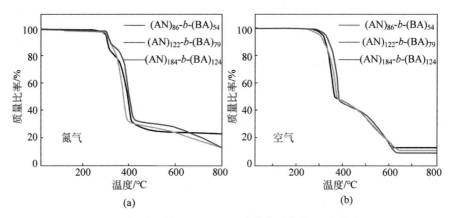

图 2.6　不同分子量 PAN-*b*-PBA 的热失重曲线(见文前彩图)

2.3.3　采用不同链长的 PAN-b-PBA 为模板制备氮掺杂介孔炭

根据热学分析的结果,选择在 280℃对 PAN-b-PBA 进行热处理,使 PAN 段交联。此外,在 800℃对 PAN-b-PBA 进行碳化处理。通过对三种 PAN-b-PBA 进行交联和碳化处理,得到了三种具有不同结构性质的氮掺杂介孔炭。

如表 2.4 所示,三种氮掺杂介孔炭均具有较大的比表面积,且在 PAN 含量不变的情况下,随着 PAN-b-PBA 整体链长的增加,氮掺杂介孔炭的比表面积呈现先上升后下降的趋势。由 t-plot 和 BJH 方法分别测定了氮掺杂介孔炭中微孔和介孔贡献的比表面积。由表 2.4 可知,氮掺杂介孔炭的比表面积主要由介孔和微孔共同贡献,表明氮掺杂介孔炭不仅具有大量的介孔,还有许多微孔。其中,介孔主要是由 PBA 段的热分解导致,且随着 PBA 段的加长,介孔炭的孔尺寸相应地增加,孔体积也随之增大。微孔则主要由碳化过程中含氮、氧等基团的热分解导致。此外,如图 2.7(a)所示,氮掺杂介孔炭的氮气吸附-脱附等温线均有明显的回滞环,属于Ⅳ型等温线,证实氮掺杂介孔炭的确属于典型的介孔材料。在低相对压力处($p/p_0 < 0.001$),氮气吸附量的急剧增加表明氮掺杂介孔炭中含有大量的微孔。由孔径分布可知,氮掺杂介孔炭的孔径分布相对均一,且随着 PAN-b-PBA 链长的增加,孔径分布曲线逐渐向更大尺寸移动。

表 2.4　不同分子量 PAN-b-PBA 为模板制备的氮掺杂介孔炭的结构参数

样品	比表面积/(m²/g)			孔体积/(cm³/g)	孔尺寸/nm
	微孔	介孔	总和		
$(AN)_{86}$-b-$(BA)_{54}$	207	214	421	0.45	6.8
$(AN)_{122}$-b-$(BA)_{79}$	220	238	458	0.59	8.3
$(AN)_{184}$-b-$(BA)_{124}$	173	206	379	0.67	11.0

图 2.8(a)和(b)及图 2.10(d)是三种氮掺杂介孔炭的微观形貌图。三种氮掺杂介孔炭均具有蠕虫状的孔道结构,属于典型的多孔炭材料。随着 PAN-b-PBA 链长的增加,所得氮掺杂介孔炭的孔径明显增大,但仍然保持了较好的多孔结构。之前的研究表明[118],以 PAN-b-PBA 为模板制备的氮掺杂介孔炭具有立方双连续的结构,孔道连通性好。

由 $(AN)_{86}$-b-$(BA)_{54}$ 碳化得到的氮掺杂介孔炭的 XPS 谱图(图 2.9)可知,氮掺杂介孔炭主要由 C,N 和 O 三种元素组成。定量分析可得 N 的摩

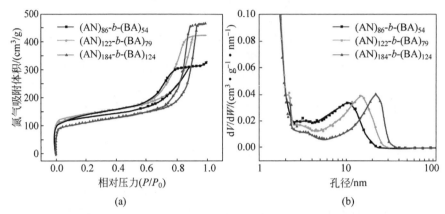

(a)　　　　　　　　　　　　(b)

图 2.7　不同分子量 PAN-*b*-PBA 为模板制备的氮掺杂介孔炭

（a）氮气吸附-脱附等温线；（b）孔尺寸分布

(a)　　　　　　　　　　　　(b)

图 2.8　不同分子量 PAN-*b*-PBA 为模板制备的氮掺杂介孔炭的微观形貌

（a）(AN)$_{122}$-*b*-(BA)$_{79}$；（b）(AN)$_{184}$-*b*-(BA)$_{124}$

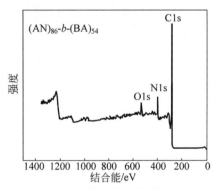

图 2.9　以(AN)$_{86}$-*b*-(BA)$_{54}$ 为模板制备的氮掺杂介孔炭的 XPS 测量能谱

尔含量达到 10.3％,表明氮掺杂介孔炭含有大量 N 元素。此外,氮掺杂介孔炭中也有少量的 O 位点(3.1％),表明少量氧气参与了 PAN 段的交联过程。

2.3.4　不同碳化温度制备四种氮掺杂炭吸附材料

为系统研究氮掺杂介孔炭的比表面积和掺杂氮在铀吸附方面的作用,制备了具有不同结构性质和氮含量的氮掺杂炭。通过(AN)$_{86}$ 和(AN)$_{86}$-b-(BA)$_{54}$ 在 500℃和 800℃两个不同温度下的碳化处理,分别得到了以 PAN 均聚物为模板的氮掺杂炭 PANC-500 和 PANC-800,以及以 PAN-b-PBA 为模板的氮掺杂介孔炭 CTNC-500 和 CTNC-800。上述四种氮掺杂炭具有不同的结构性质和元素组成。

由表 2.5 可知,氮掺杂炭 PANC-500 和 PANC-800 的比表面积、孔体积等结构参数均明显小于氮掺杂介孔炭 CTNC-500 和 CTNC-800。当碳化温度为 500℃时,PANC-500 基本没有孔,表明该温度下交联的 PAN 段仍然较稳定,尚未发生 N 和 O 等元素的热分解。由 CTNC-500 的比表面积数据也可以看出,CTNC-500 的比表面积主要由 PBA 段的热分解得到,以介孔表面积为主。但 PBA 段的热分解也促使了部分微孔的产生,表明 PBA 段的热分解对交联的 PAN 段有一定的影响。随着碳化温度的升高,氮掺杂炭中的微孔比例显著增加,表明更高的碳化温度使得骨架中不稳定基团继续热解。此外,更高的碳化温度使 CTNC 介孔比表面积有所减小,这种情况可能归因于高温下骨架的收缩。但总体而言,更高的温度有利于比表面积、孔体积和孔尺寸的增加。

表 2.5　不同碳化温度制备的 PANC 和 CTNC 的结构参数

样　　品	比表面积/(m²/g)			孔体积/(cm³/g)	孔尺寸/nm
	微孔	介孔	总和		
PANC-500	0	15	15	0.09	—
PANC-800	128	63	191	0.13	—
CTNC-500	116	266	382	0.48	6.4
CTNC-800	207	214	421	0.45	6.8

由图 2.10 也可以看出,PANC-500 和 PANC-800 几乎没有明显的孔结构,而 CTNC-500 和 CTNC-800 具有明显的介孔结构,表明 PBA 段在高温

下的分解导致了大量介孔通道的产生。

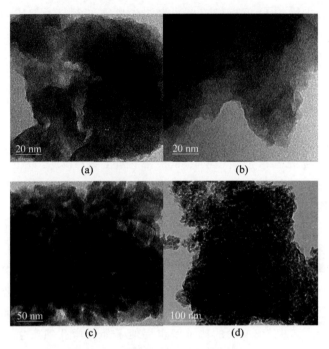

图 2.10   四种氮掺杂炭的微观形貌

(a) PANC-500；(b) PANC-800；(c) CTNC-500；(d) CTNC-800

不同的碳化温度也导致了元素组成的变化。表 2.6 是通过 XPS 表征得到的元素组成和氮种类分布。当碳化温度为 500℃ 时，PANC-500 和 CTNC-500 具有较高的氮含量（＞15％），明显高于 800℃ 碳化得到的 PANC-800 和 CTNC-800 的氮含量（约 11％），表明更低的碳化温度有利于氮元素的保留。随着碳化温度的升高，氧含量也呈下降趋势，证实更高温度下微孔的增多主要是由 N 和 O 等元素的热分解导致。

表 2.6   四种样品的元素组成和氮种类分布

样品	元素组成/%（摩尔含量）			氮种类分布/%		
	C	O	N	吡啶氮	吡咯氮或吡啶酮氮	氧化吡啶氮
PANC-500	76.9	4.4	18.7	41.1	36.6	22.3
PANC-800	85.5	3.4	11.1	38.2	39.3	22.5
CTNC-500	79.2	5.7	15.1	40.7	35.2	24.1
CTNC-800	86.5	3.1	10.4	36.3	38.5	25.2

为了进一步得到 N 元素类型分布的信息,对氮掺杂炭的 N1s 高分辨 XPS 谱图进行了去卷积处理,得到了如图 2.11 所示的谱图。N1s 高分辨能谱可以分成 3 个不同的曲线,说明至少有三种不同的含氮物种。由文献可知[118],上述 3 个曲线可分别归属于吡啶氮(约 398.2 eV)、吡咯氮或吡啶酮氮(约 400.5 eV)及氧化吡啶氮(约 402.6 eV),且含量分别为 36.3%～41.1%、35.2%～39.3% 及 22.3%～25.2%(表 2.6)。此外,随着碳化温度的升高,吡咯氮或吡啶酮氮的比例有所增加,吡啶氮的比例有所下降,说明吡啶氮相对来说更不稳定。由上述分析可知,氮掺杂炭的骨架中含有大量的二级胺(吡咯氮)和三级胺(吡啶氮)。

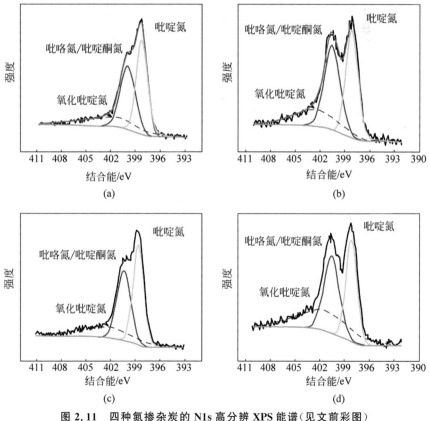

图 2.11　四种氮掺杂炭的 N1s 高分辨 XPS 能谱(见文前彩图)

(a) PANC-500；(b) PANC-800；(c) CTNC-500；(d) CTNC-800

由上述分析可知,采用不同温度对 PAN-Br 和 PAN-*b*-PBA 进行碳化处理,得到了四种结构性质和氮元素含量不同的氮掺杂炭吸附材料。

2.3.5　pH 对材料吸附铀性能的影响

将四种氮掺杂炭吸附材料用于不同 pH 条件下铀的吸附实验。由图 2.12 可知,在较高 pH 条件下(pH＝5～7),氮掺杂炭对铀具有非常强的吸附能力。当 pH 为 7 时,CTNC-500 和 CTNC-800 对铀的去除率达到 100%。当 pH＝6 时,CTNC-500 对铀的去除率为 58.8%,相应吸附量为 58.8 mg/g,超过部分文献报道的有序介孔炭 CMK-3 对铀的吸附量[171]。然而,与 CMK-3 (比表面积为 1074 m^2/g)相比,CTNC-500 具有相对较小的比表面积 (382 m^2/g),说明铀吸附能力的提升主要是掺杂氮的贡献。在较低的 pH (pH＝2～4)下,由于氮掺杂炭表面的正电荷性质及骨架中 N 和 O 等元素的质子化,其对铀的吸附能力较差。

此外,由图 2.12(a)和(b)可知,CTNC-500 对铀的吸附能力强于 PANC-500,CTNC-800 对铀的吸附能力强于 PANC-800,说明当氮含量相近时,比表面积越大,则铀吸附能力越强。由图 2.10(c)可知,尽管 PANC-800 的比表面积远大于 PANC-500,但 PANC-500 仍表现出更强的吸附能力,这种情况的产生可能归因于 PANC-500 骨架中更多的氮掺杂。尤其当 pH＞5 时,PANC-500 和 PANC-800 对铀的吸附能力差别较大,说明高 pH 条件下,掺杂氮的质子化作用减弱,与 U(Ⅵ)有更强的配位能力。对 CTNC-500 和 CTNC-800 而言,CTNC-500 的比表面积小于 CTNC-800,但氮含量高于 CTNC-800,比表面积和氮含量的协同作用可能导致了 CTNC-500 和 CTNC-800 具有基本相似的吸附能力。

CTNC 和 PANC 对 U(Ⅵ)的吸附现象与 Jia 等[180]报道的氮掺杂炭对 Cd(Ⅱ),Ni(Ⅱ)和 Cu(Ⅱ)的研究结果比较一致。当 pH＝4 时,氮掺杂炭对 Cd(Ⅱ),Ni(Ⅱ)和 Cu(Ⅱ)的吸附能力与非氮掺杂炭相差不大;当 pH＝7 时,氮掺杂炭的吸附能力显著高于非氮掺杂炭,表明更高的 pH 减弱了质子的竞争作用,使氮配体可以与 Cd(Ⅱ),Ni(Ⅱ)和 Cu(Ⅱ)发生配位作用。并且,与 Cd(Ⅱ)和 Ni(Ⅱ)相比,氮掺杂炭对 Cu(Ⅱ)的吸附能力更强,这个现象可以用软硬酸碱理论进行解释。此外,Jia 等通过流动微量热法分析发现,相比于非氮掺杂炭,氮掺杂炭对金属离子具有更低的吸附焓,说明氮的掺杂的确增强了炭材料对金属离子的吸附能力。通过系统的吸附实验和对其他实验现象的分析,Jia 等认为氮掺杂炭对金属离子吸附能力的增强主要归因于吡啶氮与金属离子的配位作用,如图 2.13 所示。同样作为硬酸金属离子,U(Ⅵ)在 CTNC 和 PANC 上的吸附很可能也是类似的机理。并且,

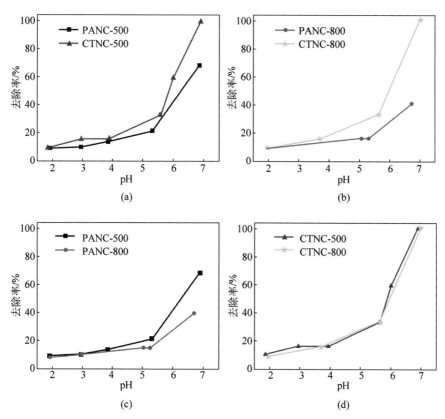

图 2.12　pH 对材料吸附性能的影响($C_0 = 100$ mg/L, $m/V = 1$ g/L, $\theta = 22℃$, $t = 24$ h)

（a）pH 对 PANC-500 和 CTNC-500 吸附性能的影响；（b）pH 对 PANC-800 和 CTNC-800 吸附性能的影响；（c）pH 对 PANC-500 和 PANC-800 吸附性能的影响；（d）pH 对 CTNC-500 和 CTNC-800 吸附性能的影响

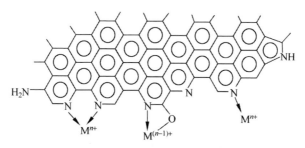

图 2.13　氮掺杂炭与金属离子的配位机理[180]

与 Cd(Ⅱ),Ni(Ⅱ)和 Cu(Ⅱ)相比,由于 U(Ⅵ)属于酸性更硬的金属离子,氮原子与 U(Ⅵ)可能有更强的配位作用。

2.3.6　材料对铀的吸附选择性

采用表 2.1 所列溶液研究 CTNC-800 对铀的吸附选择性。由图 2.14 可知,CTNC-800 对 U(Ⅵ)的吸附量最大(59.1 mg/g),表明 CTNC 对铀具有较好的吸附选择性。然而,CTNC-800 对 Cr(Ⅲ)的吸附量也达到 37.7 mg/g。由计算可知,相对于 Co(Ⅱ),Zn(Ⅱ)和 La(Ⅲ)等离子,CTNC-800 对 U(Ⅵ)的选择性系数分别为 46.4,25.5 和 14.9,说明 CTNC-800 对 U(Ⅵ)具有更强的吸附能力。但相对于 Cr(Ⅲ),CTNC-800 对 U(Ⅵ)的选择性系数仅为 0.1。Shin 等[191]研究发现,氮掺杂炭对 Cr(Ⅲ)的吸附能力远远强于非氮掺杂炭,并且,与金属离子 Pb(Ⅱ)和 Hg(Ⅱ)相比,氮掺杂炭对酸性更硬的金属离子 Cr(Ⅲ)和 Zn(Ⅱ)具有更强的吸附能力。因此,CTNC-800 对 Cr(Ⅲ)的吸附能力更强可能也归因于 Cr(Ⅲ)属于酸性更硬的金属离子。

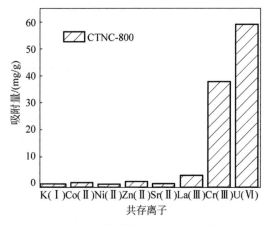

图 2.14　CTNC-800 对铀的吸附选择性(pH＝5,m/V＝2 g/L,θ＝28℃)

2.4　小　　结

本章采用 ICAR ATRP 和 SARA ATRP 两种催化剂再生的 ATRP 技术成功合成了具有不同链长的 PAN-b-PBA,并通过热处理交联和碳化等过程,制备了具有不同结构性质的氮掺杂介孔炭。此外,采用不同的碳化温度成功制备了具有不同比表面积和氮含量的四种氮掺杂炭,并比较研究了其对铀的吸附性能。

本章的主要结论如下：

（1）采用催化剂再生型 ATRP 技术实现了具有特定链长和组成的 PAN-*b*-PBA 的可控合成。与普通 ATRP 技术相比，催化剂再生型 ATRP 技术大大降低了铜催化剂的使用量，且对无氧环境的要求更低，降低了合成操作难度。本章首先采用 ICAR ATRP 成功实现了具有特定链长的三种大引发剂 PAN-Br 的可控合成，所有 PAN-Br 均具有窄的分子量分布。此外，采用 SARA ATRP 成功实现了 PAN-Br 的 BA 链扩展，合成了 PAN 含量相似（质量分数为 40％）但链长不同的 PAN-*b*-PBA。

（2）采用 DSC 和 TGA 深入分析了 PAN-*b*-PBA 的热学特性，确定了制备氮掺杂介孔炭材料的热处理交联条件。研究表明，PAN 段的交联对氮掺杂介孔炭形成良好的形貌具有重要作用，其热处理过程应在空气中进行，升温应缓慢且热处理温度应低于 300℃，避免 PBA 段热分解导致结构的破坏。

（3）经过热处理交联和碳化过程，成功制备了具有不同结构性质的氮掺杂介孔炭。三种氮掺杂介孔炭均具有较大的比表面积（379～458 m²/g），且比表面积由介孔和微孔共同贡献。随着 PAN-*b*-PBA 链长的增加，氮掺杂介孔炭的孔尺寸和孔体积均相应增大，说明氮掺杂介孔炭的结构参数可以通过控制前驱体的链长实现特定调控。氮掺杂介孔炭属于典型的介孔材料，且具有立方双连续的空间结构和蠕虫状的介孔通道。XPS 表征确定了氮掺杂介孔炭骨架中有大量氮元素存在。

（4）采用不同的碳化温度，成功制备了具有不同比表面积和氮含量的四种氮掺杂炭。其中，以 PAN-Br 为模板得到的氮掺杂炭几乎没有介孔通道，而以 PAN-*b*-PBA 为模板得到的氮掺杂炭具有明显的介孔结构。随着碳化温度的升高，比表面积呈上升趋势，且微孔贡献的比表面积有所增加，介孔贡献的比表面积因骨架收缩而减少。此外，碳化温度的升高使氮含量有所下降，且吡啶氮的比例降低，吡咯氮或吡啶酮氮的比例增加。

（5）四种氮掺杂炭对铀均具有较强的吸附能力，且高比表面积或高氮含量有利于提升铀的吸附能力。研究表明，高比表面积的 CTNC-500 和 CTNC-800 对铀的吸附量高于具有低比表面积的 PANC-500 和 PANC-800。然而，由于掺杂氮的含量更高，PANC-500 的吸附能力强于 PANC-800 的吸附能力。同时，氮掺杂介孔炭对铀具有较好的选择性吸附能力，除了溶液中的 Cr(Ⅲ)会形成一定的干扰外，材料对其他金属离子的吸附均不明显。

第3章　表面氧化型介孔炭的制备及对铀的吸附性能

3.1　引　言

与骨架杂原子掺杂相比,表面功能化是选择更丰富的介孔炭功能化方法。并且,表面功能化能够更显著地改善介孔炭的化学性质,在有机物、气体和金属离子等吸附领域已经得到了广泛的研究[192]。在众多表面功能化方法中,湿法氧化法是一种简单、有效的方法,可以使介孔炭表面产生大量的含氧功能基团。含氧功能基团能够与部分金属离子发生较强的配位作用,在铀的吸附分离方面具有较大的潜力[169]。此外,由于含氧功能基团一般具有较高的极性,有利于改善介孔炭材料的亲水性。在金属离子的吸附分离领域,材料的分散性或亲水性对吸附能力具有重要的影响。因此,本章对介孔炭进行湿法氧化处理,改善材料的亲水性,提升对铀的吸附能力。采用过硫酸铵作为湿法氧化试剂,与硝酸相比,它属于比较温和的氧化剂,对有序介孔炭结构的破坏可能更小,也更有应用的潜力。

本章选择软模板法制备的有序介孔炭 FDU-15 作为研究对象。与硬模板法制备的 CMK-3 等有序介孔炭相比,软模板法制备的有序介孔炭 FDU-15 等一般具有更厚的孔墙壁和高度交联的骨架结构等,因而具有更稳定的空间结构[141]。湿法氧化法一般涉及较剧烈的反应条件和强氧化性的试剂,因此,更稳定的空间结构能够更好地防止功能化过程中材料结构的塌陷。此外,截至目前,表面氧化型的 CMK-3 材料已经得到了广泛的研究[140],但关于表面氧化型 FDU-15 的制备、结构性质和表面化学分析的研究比较少。并且,据调研,尚没有 FDU-15 相关材料应用于铀的吸附分离领域。因此,研究表面氧化型 FDU-15 的制备、结构性质和表面化学及对铀的吸附性能等具有重要的价值。

首先,采用溶剂挥发诱导自组装法(软模板法)制备了六方晶形有序介孔炭 FDU-15(图 3.1)[193],并利用过硫酸铵对其进行氧化处理,得到表面氧化型 FDU-15。通过小角 X 射线衍射（SAXRD）、透射电子显微镜（TEM）和氮气吸附-脱附测试表征了氧化前后有序介孔炭的结构和形貌。其次，借助红外光谱（FT-IR）、X 射线光电子能谱（XPS）、元素分析（EA）和热重分析（TGA）等手段系统分析了氧化前后有序介孔炭的元素组成、表面含氧功能基团分布等。最后，系统研究了 FDU-15 和表面氧化型 FDU-15 对铀的吸附性能。

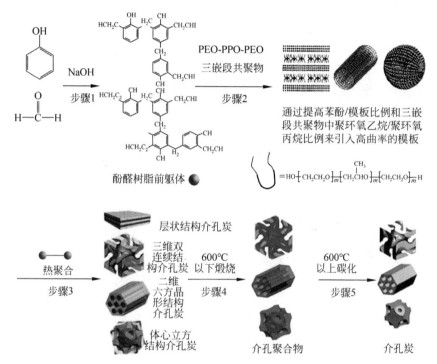

图 3.1　有序介孔炭 FDU-14，FDU-15 和 FDU-16 的合成路线[193]

3.2　实验部分

3.2.1　实验试剂

本实验所需的主要化学试剂如下：苯酚：北京现代东方精细化学品有限公司，分析纯；甲醛溶液（质量分数为 37%～40%）：西陇化工股份有限公司，分析纯；乙醇：北京北化精细化学品有限责任公司，分析纯；氢氧化钠：广东光华科技股份有限公司，分析纯；Pluronic P123（聚（乙二醇）-b-聚

(丙二醇)-b-聚(乙二醇))：Sigma-Aldrich，分子量约为 5800；过硫酸铵：西陇化工股份有限公司，分析纯；浓硫酸：北京现代东方精细化学品有限公司，分析纯。

3.2.2　材料制备

（1）采用溶剂挥发诱导自组装方法制备 FDU-15

首先，在碱性条件下，通过苯酚与甲醛的聚合反应，得到酚醛树脂预聚物。具体步骤如下：将 24.4 g 苯酚加入到 250 mL 三口烧瓶中，在连续搅拌条件下，将温度升至 45℃；加入 5.2 g 氢氧化钠；10 min 后，将 42 g 甲醛溶液逐滴加入到三口烧瓶中，结束后，将温度缓慢升至 73℃左右，并在该温度下保持 1 h 左右；反应完毕后，将反应体系冷却至室温；随后，使用 0.6 mol/L 的盐酸溶液将反应产物的 pH 调节至 7 左右，并通过减压蒸馏法除去反应产物中的水，得到橙色黏稠状产物；将该产物溶解于 159.8 g 乙醇中，连续搅拌 30 min 后，静置 12 h；采用离心分离法，除去氯化钠白色沉淀，得到 218.5 g 酚醛树脂低聚物与乙醇的混合溶液。

然后，通过溶剂挥发、热聚、低温焙烧和高温碳化等步骤，制备得到 FDU-15。具体步骤如下：将 1.8 g P123 三嵌段共聚物溶解在 30 mL 乙醇中，在连续搅拌条件下，缓慢加入约 21.9 g 上述酚醛树脂低聚物与乙醇的混合溶液，搅拌 1 h 后，将该混合溶液倒入培养皿中，静置 12 h 左右，直到乙醇挥发完为止，得到一层黏稠状物质；将培养皿转移至 100℃烘箱，使薄膜进一步热聚 24 h；随后，将薄膜刮下并研磨成粉末，转移至管式气氛炉中，在氮气气氛下，以 1℃/min 的升温速率，将炉温升至 600℃，恒温 4 h，即可得到有序介孔炭。

（2）制备过硫酸铵表面氧化型 FDU-15

采用过硫酸铵氧化法得到表面氧化型 FDU-15。具体步骤如下：首先，将 0.5 g FDU-15 与 30 mL 1mol/L 的过硫酸铵溶液（由 2 mol/L 硫酸溶液配置）混合于 100 mL 烧瓶中，搅拌 20 min 后，将体系温度升至 60℃，恒温反应 20 h；然后，采用抽滤法，将黑色粉末分离出来，并使用水和乙醇交替洗涤，直到加入硝酸钡溶液不再有沉淀产生为止；最后，将黑色粉末转移至真空烘箱中，在 80℃下放置 48 h，即可得到干燥的表面氧化型 FDU-15。

3.2.3　仪器与表征方法

SAXRD 在 Rigaku D/max-2400 X-射线粉末衍射仪上进行，用于表征

FDU-15 和表面氧化型 FDU-15 孔道有序度,靶材为铜靶,X 射线光源为线焦源,扫描速度为 1°/min,扫描范围为 0.6°～6°。

TEM 在 HT-7700 透射电子显微镜仪器上进行,用于表征 FDU-15 和表面氧化型 FDU-15 的微观形貌。首先将 FDU-15 和表面氧化型 FDU-15 分散于乙醇中,超声 10 min 左右,用滴管将上述分散液滴于有碳膜的铜网上,并在 120 kV 加速电压下观察。

氮气吸附-脱附实验在表面积和多孔性分析仪(Nava 3200e)上进行,用于表征 FDU-15 和表面氧化型 FDU-15 的结构性质,包括比表面积、孔体积、平均孔尺寸和孔径分布等。在测试前,FDU-15 和表面氧化型 FDU-15 分别在 300℃ 和 80℃(防止表面氧化型 FDU-15 表面官能团分解)下真空脱气 3 h。采用 Brunauer-Emmett-Teller(BET)法计算比表面积。此外,利用 Barrett-Joyner-Halenda(BJH)方法测定孔体积、平均孔尺寸和孔径分布。

FT-IR 在 Nicolet Nexus 470 傅里叶变换红外光谱仪上进行,用于 FDU-15 和表面氧化型 FDU-15 表面官能团组成的定性分析。以溴化钾为背底,波数范围为 4000～400 cm^{-1}。

XPS 在 PHI Quantera SXM 光谱仪上进行,用于 FDU-15 和表面氧化型 FDU-15 表面元素组成和官能团组成的半定量分析。单色 Al Kα 为 X 射线源,分析模型为 CAE。

EA 在 Elementar Vario EL III 上进行,用于 FDU-15 和表面氧化型 FDU-15 的元素组成分析。测量元素分别为 C,H 和 O。

TGA 在 TA instruments Q600 上进行,用于 FDU-15 和表面氧化型 FDU-15 表面官能团组成的定量分析。在氮气气氛下,将样品从室温升温至 1000℃,升温速率为 10℃/min。

3.2.4　吸附实验

采用硝酸铀酰配制 200 g/L U(Ⅵ)溶液(pH＝2)。根据吸附实验需要的初始铀浓度,将上述 U(Ⅵ)溶液稀释到特定浓度,并使用 0.01 mol/L 高氯酸钠控制溶液离子强度。在研究 pH 影响的实验中,将高浓度铀溶液稀释成 100 mg/L,并使用硝酸溶液和氢氧化钠溶液调节 U(Ⅵ)溶液的 pH。本章研究了两种有序介孔炭在 pH 为 2,3,4 和 5 的条件下对铀的吸附性能,吸附时间为 36 h。根据 pH 影响实验的结果,使用 pH 为 5、初始浓度为 100 mg/L 的铀溶液研究吸附动力学,测定吸附时间为 5 min,10 min,20 min,120 min,240 min 和 864 min 时吸附后溶液的铀浓度。随后,将高浓度铀溶液分别稀释成 10 mg/L, 20 mg/L, 50 mg/L, 100 mg/L 和 200 mg/L, 用于研究表面氧化型 FDU-15 对铀的吸附容量, 铀溶液的 pH 为 5, 吸附时间为 36 h。吸附实验均在 28℃下进行, 固液比为 0.5 g/L。吸附结束后, 采用 0.45 mm 的微孔滤膜进行固液分离, 剩余溶液的铀浓度采用 721 型分光光度计测量(波长为 650 nm)。计算吸附量 Q(mg/g)和分配比 K_d(L/g)的方程如下:

$$Q = \frac{C_0 - C_t}{m} \times V \tag{3-1}$$

$$K_d = \frac{C_0 - C_t}{C_t} \times \frac{V}{m} \tag{3-2}$$

其中, C_0(mg/L)和 C_t(mg/L)分别代表初始和吸附时间为 t 时溶液中的铀浓度, V(L)代表铀溶液的体积, m(g)代表吸附剂质量。

采用 pH 为 5、多种金属离子共存的溶液研究 FDU-15 和表面氧化型 FDU-15 对铀的吸附选择性。溶液中金属离子的组成情况见表 3.1。吸附时间为 72 h, 温度为 28℃, FDU-15 和表面氧化型 FDU-15 采用的固液比分别为 2 g/L 和 1 g/L。采用 ICP-AES 测定各金属离子的浓度。选择性系数 S 是评价材料对金属离子吸附选择性的重要参数, 它是不同金属离子的分配比的比值。相对于金属离子 R(n), 材料对 U(Ⅵ)的选择性系数可以表示成

$$S_{U(Ⅵ)/R(n)} = \frac{K_{d,U(Ⅵ)}}{K_{d,R(n)}} \tag{3-3}$$

其中, $K_{d,U(Ⅵ)}$ 和 $K_{d,R(n)}$ 分别代表 U(Ⅵ)和金属离子 R(n)的分配比, n 代表金属 R 的价态。

表 3.1　水溶液中金属离子组成

共存离子	金属盐	浓度/(mg/L)
K(Ⅰ)	氯化钾	307.5
Co(Ⅱ)	六水氯化钴	122.7
Ni(Ⅱ)	六水硝酸镍	128.2
Zn(Ⅱ)	氯化锌	125.3
Sr(Ⅱ)	六水氯化锶	209.5
La(Ⅲ)	水合氯化镧	250.5
Cr(Ⅲ)	六水硝酸铬	97.4
U(Ⅵ)	硝酸铀酰	412.8

利用 0.1 mol/L 硝酸进行脱附测试。10 mg 表面氧化型 FDU-15 与 10 mL 200 mg/L 铀溶液混合(固液比为 1 g/L,pH＝5),吸附时间为 24 h。吸附结束后,采用离心分离法将表面氧化型 FDU-15 与溶液分离,并将分离出的表面氧化型 FDU-15 与 10 mL 0.1 mol/L 硝酸混合,搅拌 24 h。随后,再次采用离心分离法将表面氧化型 FDU-15 与溶液分离。采用 721 型分光光度计测量吸附后和脱附后溶液的铀浓度,计算脱附率(D)的方程如下:

$$D = \frac{C_d}{C_0 - C_t} \times \frac{V_d}{V} \times 100\% \tag{3-4}$$

其中,C_d(mg/L)代表脱附后溶液的铀浓度,V_d(L)代表脱附剂的体积。

3.3　结果与讨论

3.3.1　材料的结构性质

SAXRD 表征了 FDU-15 和表面氧化型 FDU-15 的孔道有序度(图 3.2)。在图 3.2 中,FDU-15 和表面氧化型 FDU-15 的衍射谱图均有明显的 100 和 110 衍射峰,表明两者均为二维六方晶形对称结构。由此可知,尽管经过长时间(20 h)的湿法氧化处理,有序介孔炭的孔道结构并没有受到破坏,仍然保留了原有的结构规整性。

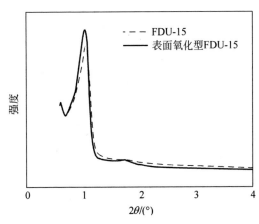

图 3.2　FDU-15 和表面氧化型 FDU-15 的 SAXRD 谱图

此外,TEM 表征为有序多孔结构的保留提供了更直观的证据。图 3.3 分别是 FDU-15 和表面氧化型 FDU-15 的微观形貌图,明显可以看出,表面氧化型 FDU-15 仍然具有非常有序的炭骨架和均一的孔通道,表明湿法氧化处理没有显著破坏有序结构。以上表征结果说明,软模板法制备的FDU-15 具有很好的抗酸性。

图 3.3　微观形貌
(a) FDU-15;(b) 表面氧化型 FDU-15

　　氮气吸附-脱附实验进一步表征了 FDU-15 和表面氧化型 FDU-15 的结构性质。图 3.4 是 FDU-15 和表面氧化型 FDU-15 的氮气吸附-脱附等温线。两种有序介孔炭均表现出了 Ⅳ 型等温线类型,在相对压力为 0.3～0.6 时,有明显的回滞环,表明氮气脱附过程中发生了毛细管冷凝现象。这种情况说明 FDU-15 和表面氧化型 FDU-15 均具有均一的介孔结构。表 3.2 给出了 FDU-15 和表面氧化型 FDU-15 的详细结构参数。FDU-15 的比表面积和孔体积分别为 597 m^2/g 和 0.18 cm^3/g,表明 FDU-15 具有相对比较大的比表面积和丰富的孔通道。表面氧化型 FDU-15 的比表面积和孔体积分别为 556 m^2/g 和 0.12 cm^3/g,与 FDU-15 相比,结构参数仅有很少的下降,且两者具有几乎一样的孔径大小(约 3.42 nm),进一步表明过硫酸铵表面氧化的 FDU-15 保持了原有的结构性质。此外,在低相对压力区域($p/p_0 <0.01$),表面氧化型 FDU-15 对氮气的吸附量较 FDU-15 有明显的下降,表明表面氧化型 FDU-15 中有更少的微孔。由此可以推断,减少的比表面积和孔体积主要归因于表面氧化型 FDU-15 表面的含氧功能基团对微孔的堵塞。

表 3.2　FDU-15 和表面氧化型 FDU-15 的结构参数

样　　品	比表面积/(m^2/g)	孔体积/(cm^3/g)	孔尺寸/nm
FDU-15	597	0.18	3.42
表面氧化型 FDU-15	556	0.12	3.43

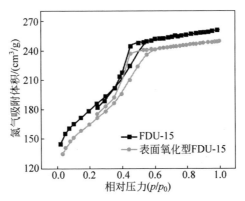

图 3.4　FDU-15 和表面氧化型 FDU-15 的 N$_2$ 吸附-脱附等温线

由以上多种表征和分析可知,软模板法制备得到的 FDU-15 具有稳定的结构。湿法氧化后,表面氧化型 FDU-15 保持了有序的通道和均一的孔径等,并保留了大部分比表面积和孔体积。此外,上述结果也说明,过硫酸铵是一种较温和的氧化试剂,长时间的高温处理也不会对 FDU-15 的骨架造成较大破坏。

3.3.2　材料的元素组成和含氧功能基团分布

湿法氧化可以使有序介孔炭的惰性表面新生成许多含氧功能基团,从而提升材料的亲水性和作为吸附材料的潜力。然而,不同的含氧功能基团也具有不同的性质。因此,系统研究湿法氧化前后有序介孔炭的元素组成和表面含氧功能基团的分布具有非常重要的意义。

采用 FT-IR 表征 FDU-15 和表面氧化型 FDU-15 的表面官能团组成。从图 3.5 可以看出,与 FDU-15 相比,表面氧化型 FDU-15 的红外谱图在 1714 cm^{-1} 附近有一个新的特征峰,归属于非芳香族的羧基中羰基的振动峰,表明有序介孔炭表面新生成了大量的羧基。另一个新增加的强振动峰 (1070 cm^{-1})表明了显著增加的 C-O-C 基团,可能归属于羧基和酯基等。此外,3400 cm^{-1} 附近的峰的强度也有较大的增加,主要归因于羟基和物理吸附的水分子等。由此可以推断,过硫酸铵湿法氧化处理使有序介孔炭表面新生成了大量的含氧功能基团,主要包括羧基、羟基和酯基等。

采用 XPS 表征 FDU-15 和表面氧化型 FDU-15 的表面元素组成和官能团组成。由图 3.6 可知,FDU-15 和表面氧化型 FDU-15 均主要由 C 和 O 两种元素组成。但从峰强度比例来看,表面氧化型 FDU-15 的 O 含量显著

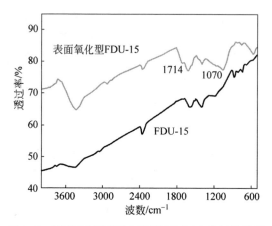

图 3.5　FDU-15 和表面氧化型 FDU-15 的红外谱图

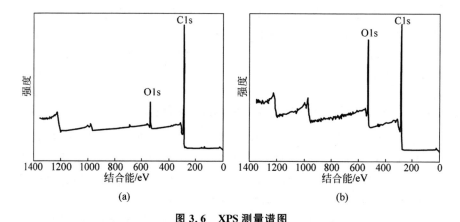

图 3.6　XPS 测量谱图

（a）FDU-15；（b）表面氧化型 FDU-15

增加,表明湿法氧化处理的确能够大幅度增加含氧功能基团的含量。表 3.3 给出了 FDU-15 和表面氧化型 FDU-15 表面元素组成的半定量数据。FDU-15 的表面 O 含量为 11.6%,表面氧化后,O 含量的比例上升到 26.1%,比未氧化有序介孔炭的 O 含量高 14.5%。此外,元素分析得到的 FDU-15 和表面氧化型 FDU-15 的 O 含量分别为 4.7% 和 19.8%,说明湿法氧化后 O 含量增加了 15.1%。与已报道的表面氧化型 CMK-3 材料相比,利用过硫酸铵处理的 FDU-15 可以引入多达几倍的表面含氧功能基团。此外,可以发现,元素分析得到的 O 含量显著低于 XPS 分析得到的 O 含量。这主要归因于 XPS 是一种表面分析手段,只能表征材料表层大约 6 nm 以内的元素组成情况,而元素分析是对样品完全燃烧分解后的产物进行收集和分析。因此,可以推断,在 FDU-15 骨架中,O 更多地分布于材料表面,导致 XPS 得到的表面 O 含量明显高于元素分析得到的整体 O 含量。湿法氧化后,表面 O 含量和整体 O 含量分别增加了 14.5% 和 15.1%,仅有较小的差别,表明湿法氧化处理产生的含氧功能基团均匀分布于材料的表面和孔道内部,这种结果归功于材料的结构规整性和均一的孔道。

表 3.3　FDU-15 和表面氧化型 FDU-15 的元素组成分析　　　%

样　品	XPS(质量分数)		EA(质量分数)		
	C	O	C	H	O
FDU-15	88.4	11.6	90.4	1.9	4.7
表面氧化型 FDU-15	73.9	26.1	75.4	2.7	19.8

为了进一步得到表面含氧功能基团的种类信息,对 FDU-15 和表面氧化型 FDU-15 的 C1s 和 O1s 高分辨 XPS 谱图进行了去卷积处理(图 3.7)。根据之前的报道,不同的结合能可以用于辨别特定的官能团,并能依据峰面积的比例,对特定官能团的含量进行半定量的分析[140]。图 3.7(a)是 FDU-15 的 C1s 高分辨 XPS 谱图,通过去卷积,可将该谱图分解成 5 个不同的峰。其中,结合能为 284.7 eV 的峰代表 sp^2 杂化的碳碳键;此外,在 285.5 eV,286.6 eV,289.1 eV,291.3 eV 结合能处的峰分别代表 sp^3 杂化的碳碳键、醇羟基或醚基、羧基或酯基、高度有序或石墨化结构中的 $\pi-\pi^*$。在图 3.7(c)中,FDU-15 的 O1s 高分辨 XPS 谱图去卷积后得到了两个不同的峰,其中,532.0 eV 结合能处的峰代表酯基、醌基或羧基中的 C=O,而 533.4 eV 结合能处的峰代表醇、醚或酯中的 C-O。湿法氧化后,可以看到,表面氧化型有序介孔炭的 C1s 高分辨 XPS 谱图更宽(图 3.7(b)),并且,代表 sp^2 杂化的碳碳键的峰相对强度显著下降,表明材料表面增加了许多功能基团。此外,代表 C-O 和 O=C-O 基团的峰的相对强度均有所增加,表明材料表面产生了更多的含氧功能基团。更明显的是,对表面氧化型 FDU-15 的 O1s 谱图去卷积后得到了 3 个不同的峰(图 3.7(d)),其中两个峰与 FDU-15 的 O1s 谱图去卷积后的结果一致,分别代表 C=O 和 C-O,但代表 C=O 的峰的相对强度有所增加,表明过硫酸铵湿法氧化处理产生了更多的 C=O。新产生的峰在 534.7 eV 结合能处,归属于羧基中 C-O 单键中的 O,表明湿法氧化过程中产生了大量的羧基,这个结果与红外光谱的结果一致。因此,过硫酸铵对 FDU-15 的湿法氧化处理使得其表面产生了大量含氧功能基

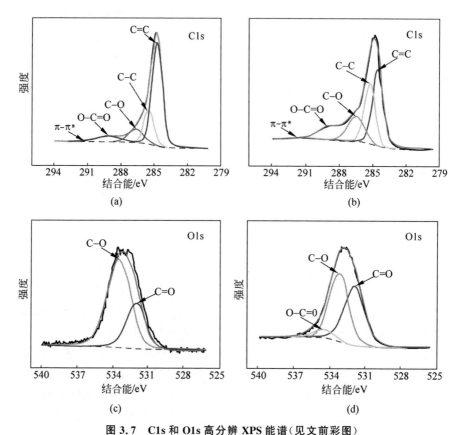

图 3.7　C1s 和 O1s 高分辨 XPS 能谱（见文前彩图）

（a）FDU-15 的 C1s 谱图；（b）表面氧化型 FDU-15 的 C1s 谱图；（c）FDU-15 的 O1s 谱图；

（d）表面氧化型 FDU-15 的 O1s 谱图

团,主要包括羧基、羟基、酯基和醌基等。

　　采用 TGA 进一步确定不同功能基团的含量。从图 3.8 可以看出,在 25～1000℃ 范围内,FDU-15 的热失重仅有 8.9%,而表面氧化型 FDU-15 的热失重达到 30.2%,表明在过硫酸铵的处理过程中产生了大约 21.3% 的含氧功能基团。根据文献的报道[141],对热重曲线进行了更深入的分析。结果表明,在 150～280℃ 范围内,大约有 2.7% 的含氧功能基团分解,该温度范围内分解的功能基团可以归属于羧基;而 280～350℃ 范围内分解的功能基团可以归属于羟基,含量在 2.1% 左右;在 350～650℃ 范围内的热失重较大,达到 12.9%,可以归属于酯基、醌基和酸酐等基团的分解;在 650℃ 以上分解的物种主要是更稳定的含氧功能基团及炭骨架中的基团。

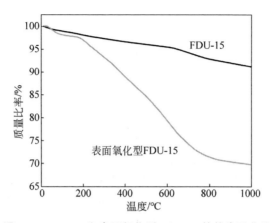

图 3.8 FDU-15 和表面氧化型 FDU-15 的热失重曲线

因此,由热重分析可知,过硫酸铵处理使 FDU-15 表面产生了羧基、羟基、酯基、醌基和酸酐等含氧功能基团,与 FT-IR 和 XPS 的分析结果比较一致。

图 3.9 是湿法氧化前后有序介孔炭表面功能基团分布的示意图。由于新产生的大量表面含氧功能基团,材料的亲水性将会得到显著的提升。

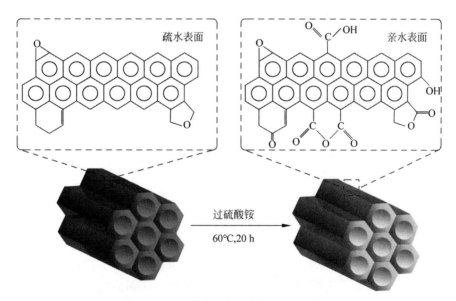

图 3.9 湿法氧化对有序介孔炭表面的影响

3.3.3　pH 对材料吸附铀性能的影响

首先,考察了 FDU-15 和表面氧化型 FDU-15 在不同 pH 条件下对铀的吸附性能。如图 3.10 所示,在 pH＝4 的条件下,FDU-15 对铀的吸附能力最强,吸附量约为 12 mg/g。在 pH＝5 的条件下,表面氧化型有序介孔炭对铀的吸附能力最强,吸附容量超过 80 mg/g,显著高于 FDU-15 对铀的吸附能力,说明新增加的表面含氧功能基团对铀的吸附起到了重要的作用。分析可知,表面含氧功能基团的增加主要有两方面的优势:第一,增强了材料的亲水性。亲水性的增加将大大提升吸附材料在水中的分散性,从而降低水中游离的金属离子吸附到固相材料表面的难度。第二,增加了更多能够与 U(VI)配位的位点。Wang 等[194-195]采用 FT-IR、密度泛函理论、XPS和 EXAFS 等多种手段对氧化石墨烯与 U(VI)的作用机理进行了深入研究。结果表明,羧基和羟基能够与 U(VI)发生较强的配位作用,且羧基对U(VI)的络合作用更强。由本章的表征结果可知,过硫酸铵湿法氧化处理使 FDU-15 的表面产生了羧基、羟基和酯基等含氧功能基团。因此,可以推知,表面氧化型 FDU-15 对铀更强的吸附能力主要归功于大量羧基和羟基的存在。

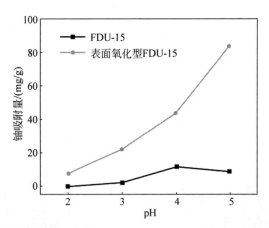

图 3.10　pH 对材料吸附性能的影响($C_0＝100$ mg/L,$m/V＝0.5$ g/L,$\theta＝28$℃,$t＝36$ h)

随着 pH 的增加,两种吸附材料对铀的吸附能力均呈上升趋势。在低pH 下,溶液中存在大量游离的质子,很容易使材料表面的羧基和羟基质子化,从而与铀酰正离子发生排斥作用。此外,过量的游离质子还会与U(VI)形成竞争,大大影响羧基和羟基与 U(VI)的配位。随着 pH 的增加,羧基和羟基逐渐去质子化并形成 COO$^-$ 和 CO$^-$ 等阴离子,它们与 U(Ⅵ)能够发生较强的配位作用,且高 pH 下质子的竞争吸附现象较弱,从而大大提高材料对铀的吸附能力。

3.3.4　材料对铀的吸附动力学

吸附速度是判断吸附材料应用潜力的重要参考之一,吸附速度快有利于提升目标物质的分离效率,节省时间成本。图 3.11 是吸附时间对表面氧化型 FDU-15 吸附铀的影响,分析发现,表面氧化型 FDU-15 对铀的吸附速度曲线可以分成两个不同的区域。在 5 min 以内,表面氧化型 FDU-15 对铀的吸附量迅速增加到约 60 mg/g,表明有序的结构和均一的通道使得 U(Ⅵ)可以迅速扩散到多孔材料的大部分表面,并立即与表面含氧功能基团发生配位作用。然而,随后的吸附变得较为缓慢,从 5 min 开始,铀吸附量较缓慢地增加;吸附时间达到 240 min 左右时,吸附量为 83 mg/g,基本达到吸附平衡。可以推测,5 min 后吸附量的缓慢增加主要归因于 U(Ⅵ)向表面含氧功能基团堵塞的微孔的扩散。通过已有的报道[141]和上面的讨论可知,部分表面含氧功能基团堵塞了微孔,导致比表面积和孔体积的下降,说明有一部分表面含氧功能基团位于微孔附近。由于扩散限制,U(Ⅵ)向微孔内部的扩散会明显更慢,从而导致对铀的吸附也相应变慢。

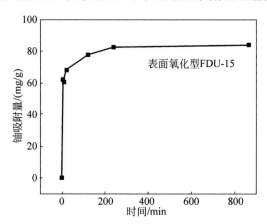

图 3.11　吸附时间对表面氧化型 FDU-15 吸附性能的影响
（pH＝5,C_0＝100 mg/L,m/V＝0.5 g/L,θ＝28℃）

为了更深入地分析表面氧化型 FDU-15 对 U(Ⅵ)的吸附过程,采用拟一级动力学模型和拟二级动力学模型对吸附数据进行分析。拟一级动力学模型的方程如下：

$$\ln(Q_e - Q_t) = \ln Q_e - k_1 t \qquad (3\text{-}5)$$

其中，Q_e（mg/g）和 Q_t（mg/g）分别表示达到吸附平衡时和吸附时间为 t（min）时材料对铀的吸附量，k_1（1/min）代表拟一级动力学模型的吸附速率常数。

拟二级动力学模型方程如下：

$$\frac{t}{Q_t} = \frac{1}{Q_e}t + \frac{1}{k_2 Q_e^2} \qquad (3\text{-}6)$$

其中，k_2（g/(mg·min)）代表拟二级动力学模型的吸附速率常数。

由表 3.4 的动力学模型拟合参数可知，表面氧化型 FDU-15 对 U(Ⅵ) 的吸附过程更接近拟二级动力学，表明 U(Ⅵ) 的吸附主要归因于其与表面氧化型 FDU-15 表面的含氧功能基团的化学络合。此外，拟二级动力学模型得到的平衡吸附量为 84.4 mg/g，与实验得到的数据（84.0 mg/g）非常接近，而拟一级动力学模型得到的平衡吸附量明显更小。

表 3.4　表面氧化型 FDU-15 对铀的吸附动力学模型拟合参数

拟一级动力学			拟二级动力学		
k_1/(1/min)	Q_e/(mg/g)	R^2	k_2/[g/(mg·min)]	Q_e/(mg/g)	R^2
0.011	23.6	0.989	0.0023	84.4	0.999

3.3.5　材料对铀的吸附等温线

为确定表面氧化型 FDU-15 对铀的最大吸附容量，考察了表面氧化型 FDU-15 对不同初始浓度的铀溶液的吸附。如图 3.12 所示，随着铀初始浓度的增加，表面氧化型 FDU-15 对铀的吸附量相应地增加。当铀初始浓度达到 200 mg/L 时，基本达到最大吸附容量，此时吸附量约为 99 mg/g。比较而言，表面氧化型 FDU-15 对铀的吸附能力要超过许多活性炭基[196]和碳纳米管基[83]吸附材料。因此，过硫酸铵湿法氧化是一种较为简单、有效的介孔炭功能化方法，可以显著提高有序介孔炭对铀的吸附能力。

为了更好地理解表面氧化型 FDU-15 对铀的吸附行为，引入 Langmuir 和 Freundlich 吸附等温线模型来拟合吸附数据。Langmuir 模型通常适用于单层、均相吸附行为，其假设吸附行为均匀地发生在各个吸附位点，且吸附能是相同的。Langmuir 模型方程如下：

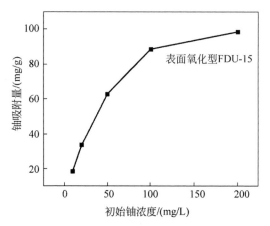

图 3.12　铀的初始浓度对表面氧化型 FDU-15 吸附性能的影响
（pH＝5，m/V＝0.5 g/L，θ＝28℃，t＝36 h）

$$Q_e = Q_m \frac{K_L C_e}{1 + K_L C_e} \tag{3-7}$$

其中，Q_e（mg/g）和 C_e（mg/L）分别代表平衡吸附量和达到吸附平衡时剩余铀溶液的浓度，Q_m（mg/g）代表最大单层吸附量，K_L（L/g）代表 Langmuir 吸附常数。对 Langmuir 模型方程进行线性变换可得如下方程：

$$C_e/Q_e = \frac{C_e}{Q_m} + \frac{1}{K_L Q_m} \tag{3-8}$$

Freundlich 模型描述的是非均相的吸附行为，其模型方程如下：

$$Q_e = K_F C_e^{1/n} \tag{3-9}$$

其中，K_F 是 Freundlich 常数，代表单层吸附能力；n 代表吸附强度。对 Freundlich 模型方程进行线性变换可得如下方程：

$$\ln Q_e = \frac{\ln C_e}{n} + \ln K_F \tag{3-10}$$

图 3.13 是分别根据 Langmuir 模型方程和 Freundlich 模型方程拟合得到的曲线。其中，图 3.13(a)是根据 Langmuir 模型拟合得到的 C_e/Q_e 与 C_e 的相关关系曲线，斜率为 $1/Q_m$，截距为 $1/(Q_m \cdot K_L)$。因此，可根据拟合曲线方程计算得到 Q_m 和 K_L。图 3.13(b)是根据 Freundlich 模型方程拟合得到的 $\ln Q_e$ 和 $\ln C_e$ 的相关关系曲线，斜率和截距分别代表 $1/n$ 和 $\ln K_F$，由此可计算得到 n 和 K_F。表 3.5 是拟合后得到的 Langmuir 模型和 Freundlich 模型的相关参数。可以发现，Langmuir 模型拟合得到的曲线与

实验所得数据具有较高的相关性($R^2 = 0.997$),表明表面氧化型 FDU-15 对铀的吸附主要为单层吸附过程。此外,Langmuir 模型得到的理论最大吸附容量为 101.9 mg/g,与实验所得数据相吻合。

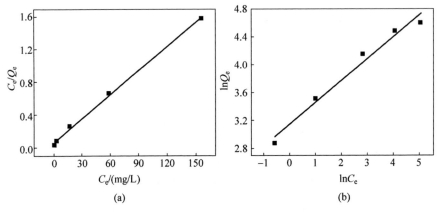

图 3.13　表面氧化型 FDU-15 对铀的吸附等温线

(a) Langmuir 模型;(b) Freundlich 模型

表 3.5　表面氧化型 FDU-15 对铀的吸附等温线模型拟合参数

Langmuir 模型			Freundlich 模型		
K_L/(L/g)	Q_m/(mg/g)	R^2	K_F	n	R^2
0.15	101.9	0.997	23.27	3.20	0.971

3.3.6　材料对铀的吸附选择性

采用表 3.1 所列的溶液研究有序介孔炭对铀的吸附选择性。在多种金属离子 U(Ⅵ),Cr(Ⅲ),La(Ⅲ),Sr(Ⅱ),Zn(Ⅱ),Ni(Ⅱ),Co(Ⅱ)和 K(Ⅰ)共存的弱酸溶液中(pH=5),FDU-15 对 U(Ⅵ),Cr(Ⅲ)和 La(Ⅲ)具有较强的吸附能力,如图 3.14 所示。由于 FDU-15 表面含氧功能基团较少,其对 U(Ⅵ),Cr(Ⅲ)和 La(Ⅲ)等金属离子的吸附可能主要是物理吸附。由计算可知,相对于 Cr(Ⅲ)和 La(Ⅲ),FDU-15 对 U(Ⅵ)的选择性系数分别为 0.3 和 2.5,表明 Cr(Ⅲ)和 La(Ⅲ)显著地影响了 FDU-15 对铀的吸附选择性。

然而,表面氧化型 FDU-15 对铀的吸附选择性得到了显著的提高,如图 3.14 所示。对 FDU-15 进行表面氧化后,所得材料对铀的吸附量由 16.5 mg/g 增加到 52.6 mg/g,而对 Cr(Ⅲ)的吸附量几乎未增加,对

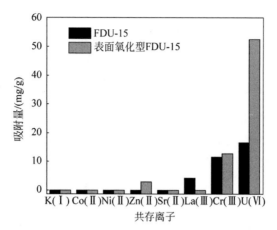

图 3.14　材料对铀的吸附选择性（pH＝5，θ＝28℃，t＝72 h，FDU-15 和表面氧化型 FDU-15 的 m/V 分别为 2 g/L 和 1 g/L）

La（Ⅲ）的吸附能力有所减弱。并且，相对于 Cr（Ⅲ），表面氧化型 FDU-15 对 U（Ⅵ）的选择性系数为 0.97，是 FDU-15 对 U（Ⅵ）的选择性系数的约 3.5 倍，进一步说明表面氧化处理显著提高了有序介孔炭对铀的吸附选择性。由此也说明，表面氧化型 FDU-15 带有的羧基、羟基等含氧功能基团对 U（Ⅵ）具有更强的配位作用，而对 Cr（Ⅲ）和 La（Ⅲ）的作用较弱。

3.3.7　材料的铀脱附测试

在酸性较强的条件下，由于质子的竞争作用，表面氧化型 FDU-15 对 U（Ⅵ）的吸附能力较弱，因此，将 0.1 mol/L 硝酸溶液用作脱附试剂。结果表明，约 93% 的 U（Ⅵ）可以从表面氧化型 FDU-15 表面脱附下来，说明 0.1 mol/L 硝酸溶液具有较好的脱附效果。

3.4　小　　结

本章采用溶剂挥发诱导自组装法（软模板法）成功制备了具有有序通道、高比表面积、大孔体积和均一孔尺寸的有序介孔炭 FDU-15，并通过过硫酸铵处理，制备了表面氧化型 FDU-15。借助多种表征手段，系统分析了两种介孔炭的结构性质、元素组成和表面含氧功能基团分布。此外，系统研究了两种有序介孔炭对铀的吸附性能，主要结论如下：

（1）软模板法合成的 FDU-15 具有良好的酸稳定性，经过 20 h 的过硫酸铵处理,微观形貌未受到任何破坏,并保持了结构规整性和高比表面积。由 TEM 表征可知,表面氧化前后的有序介孔炭均具有有序的介孔通道。SAXRD 表征则证实了表面氧化型 FDU-15 具有与未氧化的 FDU-15 相当的结构规整度。氮气吸附-脱附测试表明,FDU-15 和表面氧化型 FDU-15 均具有高的比表面积和较大的孔体积。

（2）过硫酸铵是一种温和、高效的湿法氧化试剂,能够使 FDU-15 表面产生大量含氧功能基团。与 FDU-15 相比,表面氧化型 FDU-15 的 FT-IR 谱图出现了新的峰,说明羧基、羟基或酯基的产生。此外,XPS 高分辨能谱的去卷积处理给出了含氧功能基团分布的半定量结果。TGA 表征也进一步证实表面氧化处理使有序介孔炭表面产生大量羧基、羟基、酯基和酸酐等含氧功能基团。

（3）由于大量表面含氧功能基团的存在,表面氧化型 FDU-15 具有比 FDU-15 明显更强的铀吸附性能。由于质子化效应的影响,pH 的增加有利于提升表面氧化型 FDU-15 对铀的吸附能力。在 pH＝5 时,表面氧化型 FDU-15 对铀的吸附能力最强,理论最大吸附容量约达到 101 mg/g,超过许多活性炭、碳纳米管等炭基材料。表面氧化型 FDU-15 对铀的吸附速度较快,达到吸附平衡所需时间约为 240 min。此外,在多种离子共存下,表面氧化型 FDU-15 对铀具有更好的吸附选择性。采用 0.1 mol/L 硝酸可以方便地实现铀的脱附,脱附率约达到 93％。

第4章　多巴胺聚集体沉积型介孔炭的制备及对铀的吸附性能

4.1　引　　言

　　表面功能化是拓展有序介孔炭应用范围、提升应用潜力的有效途径。其中,湿法氧化法是一种简便、有效的表面改性方法,能够使有序介孔炭的表面产生大量的含氧功能基团,从而改善其物理化学性质,提升应用潜力。然而,由于氧化试剂的强腐蚀性,氧化处理后,有序介孔炭的空间结构可能会面临破坏甚至塌陷的风险[139]。此外,尽管氧化处理能够使炭表面产生含氧功能基团,但生成的含氧功能基团的密度仍然不够大且无法实现精确的控制[122]。此外,湿法氧化法还存在能量消耗大、环境不友好等缺点[141]。基于以上原因,许多研究者又提出了其他的介孔炭表面功能化方法。其中,Dai 等[150-151,154]报道的重氮化学和1,3-偶极环加成法能够更好地控制表面功能基团的量,并将表面功能基团的接枝密度提高到 $0.9\sim1.5$ $\mu mol/m^2$。然而,上述方法会导致功能化介孔炭的介孔通道严重堵塞,介孔炭表面的大量活性位点可能无法得到有效利用。并且,该方法得到的功能基团接枝密度与硅基材料表面的反应性位点密度($6\sim9$ $\mu mol/m^2$)相差仍较大[197]。该方法也同样涉及高温和腐蚀性试剂等。因此,需要建立更为简便、温和和高效的方法,实现具有高功能基团接枝密度的介孔炭的制备。

　　近些年,研究者发现,生物体分泌的多巴胺可以涂覆到几乎所有纳米材料的表面。这个现象最初是由 Messersmith 等发现[198]。在弱碱性条件下,多巴胺很容易发生自聚,并在各种材料表面沉积得到一个多巴胺聚集体涂层。多巴胺聚集体不是真正意义上的大分子聚合物,而是由不同分子量的低聚物、多巴胺单体等基于共价连接和非共价相互作用形成的聚集体[199]。多巴胺化学为纳米材料的表面功能化提供了一种非常简便、温和和高效的方法,能够大幅改善材料的亲水性、生物相容性和吸附性能等[200-201]。在金属离子分离领域,多巴胺聚集体涂抹对提升材料的吸附性能具有非常大的潜力。此外,由于高密度的羟基和氨基,多巴胺聚集体涂层还可以作为一个二级反应的平台,实施进一步的功能修饰[198,202]。

　　基于以上多种优势,本章首次将多巴胺引入有序介孔炭的表面功能化领域。利用多巴胺的特殊性质,制备多巴胺聚集体沉积型有序介孔炭复合材料,并研究其亲水性的变化和对铀的吸附性能。与有序介孔炭 FDU-15等相比,有序介孔炭 CMK-3 具有更大的比表面积和孔体积,且温和的功能化条件不会破坏其有序结构。因此,本章选取 CMK-3 作为基体制备多巴胺聚集体沉积的复合材料。图 4.1 是多巴胺聚集体沉积型 CMK-3 的制备、亲水性测试和铀吸附的示意图。本章采用不同的多巴胺浓度和沉积时间等深入研究多巴胺聚集体在 CMK-3 表面的沉积过程。此外,系统研究了多巴胺聚集体沉积型 CMK-3 对铀的吸附性能。利用透射电子显微镜(TEM)、扫描电子显微镜(SEM)、小角 X 射线衍射(SAXRD)和氮气吸附-脱附测试等手段表征多巴胺聚集体沉积型 CMK-3 的形貌和结构性质;利用 X 射线光电子能谱(XPS)和元素分析(EA)表征材料的元素组成和表面羟基、氨基等功能基团的密度。

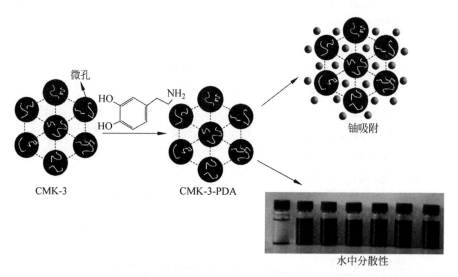

图 4.1　多巴胺聚集体沉积型 CMK-3 的制备、亲水性测试和铀吸附示意图

4.2　实 验 部 分

4.2.1　实验试剂

本实验所需的主要化学试剂如下:有序介孔炭(CMK-3):南京吉仓纳米技术有限公司,比表面积为 1114 m^2/g,孔体积为 1.28 cm^3/g,平均孔尺寸为 3.63 nm;乙醇:北京百灵威科技有限公司,纯度为 99.8%;多巴胺盐酸盐:北京百灵威科技有限公司,纯度约为 98%;三羟甲基氨基甲烷(Tris(hydroxymethyl) aminomethane,Tris):北京百灵威科技有限公司,纯度为 99.5%;盐酸:北京北化精细化学品有限责任公司,分析纯;氢氧化钠:广东光华科技股份有限公司,分析纯;硝酸:北京北化精细化学品有限责任公司,分析纯。

4.2.2　材料制备

图 4.2 是多巴胺聚集体沉积型 CMK-3 的制备过程。将 100 mg CMK-3 分散到 70 mL 乙醇与水的混合溶液中,其中乙醇与水的体积比为 4∶3。超声处理 10 min 后,在搅拌条件下,加入一定量(0.05 g,0.1 g,0.2 g 或 0.4 g)多巴胺盐酸盐。5 min 后,逐滴加入 20 mL 0.025 mol/L 的 Tris 缓冲液。结束后,用盐酸和氢氧化钠溶液将体系 pH 调节到 8.5。体系恒温在 25℃,沉积过程持续若干小时(5 g,10 h 或 24 h)。采用离心分离法将多巴胺聚集体沉积型 CMK-3 与溶液分离,并用乙醇反复洗涤。最后,将洗涤后的产物放置于真空烘箱,恒温在 60℃,保持 24 h。由于采用了多种不同的实验条件,需要依据一定的规则对不同的多巴胺聚集体沉积型 CMK-3 进行命名。不同的多巴胺聚集体沉积型 CMK-3 可以命名为 CMK-3-PDA-

CMK-3　　　　　　　　　　　　　　　　　　　CMK-3-PDA

水/乙醇=1.25∶1(体积比)
Tris缓冲液：　pH=8.5
温度：25℃

图 4.2　多巴胺聚集体沉积型 CMK-3 的制备过程

X-Y,其中,PDA 是 polydopamine 的缩写,代表多巴胺聚集体,X 代表多巴胺浓度(分别为 0.6 g,1.1 g,2.2 g 和 4.4 g 多巴胺/L 混合溶液),Y 代表沉积时间(分别为 5 h,10 h 和 24 h)。

4.2.3　仪器与表征方法

TEM 在 HT-7700 透射电子显微镜上进行,用于表征 CMK-3 和不同 CMK-3-PDA 的微观形貌。首先将 CMK-3 和 CMK-3-PDA 分散于乙醇中,超声 10 min 左右,用滴管将上述分散液滴于有碳膜的铜网上,并在 120 kV 加速电压下观察。

SEM 在 Quanta 600 FEG 扫描电子显微镜上进行,用于表征 CMK-3 和不同 CMK-3-PDA 的宏观形貌。加速电压为 10 kV。

SAXRD 在 Rigaku D/max-2400 X-射线粉末衍射仪上进行,用于表征 CMK-3 和不同 CMK-3-PDA 的孔道有序度,靶材为铜靶,X 射线光源为线焦源,扫描速度为 1°/min,扫描范围为 0.6°～5°。

氮气吸附-脱附实验在表面积和多孔性分析仪(Nava 3200e)上进行,用于表征 CMK-3 和不同 CMK-3-PDA 的结构性质,包括比表面积、孔体积、平均孔尺寸和孔径分布等。在测试前,CMK-3 和不同 CMK-3-PDA 均在 80℃ (防止 CMK-3-PDA 表面功能基团分解)条件下真空脱气 3 h。采用 Brunauer-Emmett-Teller(BET)法计算比表面积。此外,利用 Density Functional Theory (DFT)方法测定孔体积、平均孔尺寸和孔径分布。

XPS 在 PHI Quantera SXM 光谱仪上进行,用于 CMK-3 和 CMK-3-PDA 表面元素组成和功能基团分布的分析。单色 Al Kα 为 X 射线源,分析模型为 CAE。

EA 在 Elementar Vario EL III 上进行,用于 CMK-3 和不同 CMK-3-PDA 的元素组成分析和功能基团接枝密度计算。测量元素分别为 C,H 和 N。

4.2.4　吸附实验

采用硝酸铀酰配制 200 g/L 的 U(Ⅵ)溶液(pH=2)。根据吸附实验需要的铀初始浓度,将上述 U(Ⅵ)溶液稀释到需要的浓度,并使用 0.01 mol/L 高氯酸钠控制溶液离子强度。首先,将上述高浓度铀溶液稀释到 50 mg/L,并使用硝酸溶液和氢氧化钠溶液将其 pH 调节到 5。使用该溶液研究 CMK-3 和 6 种不同 CMK-3-PDA 对铀的吸附能力。随后,以 CMK-3-PDA-

1.1-24 为代表,研究 4 个不同 pH(3,4,5 和 6)对铀吸附性能的影响,铀溶液初始浓度为 50 mg/L,吸附时间为 48 h。根据 pH 影响实验的结果,使用 pH 为 5、初始浓度为 50 mg/L 的铀溶液研究吸附时间对铀吸附的影响,并测定吸附时间为 1 min,5 min,10 min,240 min,720 min,1440 min 和 3900 min 时剩余溶液中铀的浓度。随后,将高浓度铀溶液分别稀释到 10 mg/L,20 mg/L,50 mg/L,100 mg/L 和 200 mg/L,用于研究 CMK-3-PDA-1.1-24 对铀的吸附容量,铀溶液的 pH 为 5,吸附时间为 65 h。吸附实验均在 28℃ 下进行,固液比为 0.25 g/L。吸附结束后,采用 0.45 mm 的微孔滤膜进行固液分离,溶液的铀浓度采用 721 型分光光度计测量(波长为 650 nm)。计算吸附量 Q(mg/g)和分配比 K_d(L/g)的方程如下:

$$Q = \frac{C_0 - C_t}{m} \times V \tag{4-1}$$

$$K_d = \frac{C_0 - C_t}{C_t} \times \frac{V}{m} \tag{4-2}$$

其中,C_0(mg/L)和 C_t(mg/L)分别代表初始和吸附时间为 t 时溶液中的铀浓度,V(L)代表铀溶液的体积,m(g)代表吸附剂质量。

采用 pH 为 5、多种金属离子共存的溶液研究 CMK-3 和 CMK-3-PDA 对铀的吸附选择性。溶液中金属离子的组成情况见表 4.1。吸附时间为 72 h,温度为 28℃,CMK-3 和 CMK-3-PDA 采用的固液比分别为 2 g/L 和 1 g/L。采用 ICP-AES 测定各金属离子的浓度。选择性系数 S 是评价材料对金属离子吸附选择性的重要参数,它是不同金属离子的分配比的比值。相对于金属离子 R(n),材料对 U(Ⅵ)的选择性系数可以表示成

$$S_{U(Ⅵ)/R(n)} = \frac{K_{d,U(Ⅵ)}}{K_{d,R(n)}} \tag{4-3}$$

其中,$K_{d,U(Ⅵ)}$ 和 $K_{d,R(n)}$ 分别代表 U(Ⅵ)和金属离子 R(n)的分配比,n 代表金属 R 的价态。

表 4.1　水溶液中金属离子组成

共 存 离 子	金 属 盐	浓度/(mg/L)
K(Ⅰ)	氯化钾	295.8
Co(Ⅱ)	六水氯化钴	126.8
Ni(Ⅱ)	六水硝酸镍	161.1
Zn(Ⅱ)	氯化锌	133.5
Sr(Ⅱ)	六水氯化锶	209.3

共 存 离 子	金 属 盐	浓度/(mg/L)
La(Ⅲ)	水合氯化镧	274.6
Cr(Ⅲ)	六水氯化铬	99.5
U(Ⅵ)	硝酸铀酰	189.1

利用 0.1 mol/L 盐酸进行脱附测试,并研究 CMK-3-PDA 的循环复用性能。10 mg CMK-3-PDA-1.1-24 与 20 mL 50 mg/L 铀溶液混合(固液比为 0.5g/L,pH=5),吸附时间为 24 h。吸附结束后,采用离心分离法将 CMK-3-PDA-1.1-24 与剩余铀溶液分离,并将分离出的 CMK-3-PDA-1.1-24 与 20 mL 0.1 mol/L 盐酸混合,搅拌 24 h。随后,离心分离出 CMK-3-PDA-1.1-24 并用去离子水洗涤两次,干燥后循环使用,并重复上述过程两次。采用 721 型分光光度计测量吸附后和脱附后溶液的铀浓度,计算脱附率(D)的方程如下:

$$D = \frac{C_d}{C_0 - C_t} \times \frac{V_d}{V} \times 100\%$$ (4-4)

其中,C_d(mg/L)代表脱附后溶液中铀的浓度,V_d(L)代表脱附剂的体积。

4.3 结果与讨论

4.3.1 材料的结构性质

通过改变多巴胺浓度和沉积时间等实验参数,制备了 6 种不同的 CMK-3-PDA。在弱碱性条件下,多巴胺发生自聚并沉积到有序介孔炭的表面。这个过程中,由于碱性条件和空气的存在,多巴胺中相邻的两个酚羟基氧化变成酮基,这是一个自由基过程且是多巴胺自聚的决速步骤。为了防止多巴胺因自聚太快而自成核,加入一定量的乙醇作为自由基捕获试剂,以调整多巴胺的自聚速率。水和乙醇的比例确定为 1:1.25,这个比例可以实现多巴胺在碳纳米管表面的均匀沉积[201]。从图 4.3(b)可以看出,当多巴胺浓度为 4.4 g/L 时,经过 10 h 的沉积,没有任何多巴胺聚集体微球形成,表明多巴胺的自聚得到了很好的控制。在其他条件下制备得到的 CMK-3-PDA 均未发现多巴胺聚集体微球。以上结果表明,多巴胺没有自成核形成微球,而更倾向于在介孔表面发生异相成核并形成多巴胺聚集体涂层。由于多巴胺和多巴胺聚集体均含有苯环,而 CMK-3 的骨架也是由苯环相互连接形成,因此,两者会发生较强的 π-π 相互作用。有研究表明[203-205],由于强的 π-π 相互作用,多巴胺和多巴胺聚集体均与碳纳米管的管壁有强的结合能力。因此,多巴胺和多巴胺聚集体同样会在 CMK-3 的孔道表面形成稳定的涂层[206]。此外,与 CMK-3 的 TEM 图(图 4.3(a))比较发现,多巴胺聚集体沉积后的有序介孔炭仍然保留了有序的介孔通道,表明多巴胺聚集体的沉积是一种温和的表面功能化方法,不会破坏有序介孔炭的结构规整性。图 4.3 是 CMK-3 和 CMK-3-PDA 的 SEM 图,对比发现,CMK-3-PDA-4.4-10 的表面有一个较明显的多巴胺聚集体涂层,进一步证实多巴胺聚集体成功地沉积到了有序介孔炭的表面。

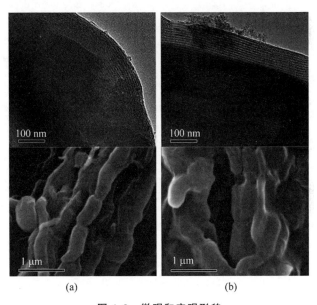

（a）　　　　　　　　　　　（b）

图 4.3　微观和宏观形貌

（a）CMK-3；（b）CMK-3-PDA-4.4-10

采用 SAXRD 和氮气吸附-脱附测试表征 CMK-3 和 CMK-3-PDA 的结构性质。首先,分析了多巴胺浓度对有序介孔炭结构性质的影响。如图 4.4(a)所示,CMK-3 具有较强的 100 衍射峰和较弱的 110,200 衍射峰,表明其为典型的六方晶系有序结构。经过不同多巴胺浓度下的沉积,有序介孔炭的结构规整性发生了有趣的变化。与 CMK-3 相比,CMK-3-PDA-0.6-10 的100 峰强度不仅未减弱,反而有所增加。许多研究者在进行 CMK-3 的有机功能化时也发现了类似的现象。CMK-3 是 SBA-15 有序介孔硅的反相复

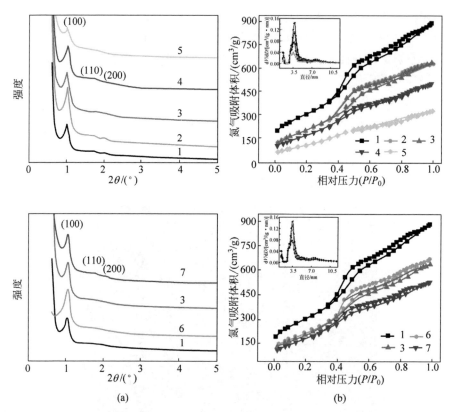

图 4.4　SAXRD 谱图及 N₂ 吸附-脱附等温线和孔尺寸分布（见文前彩图）

（a）SAXRD 谱图；（b）N₂ 吸附-脱附等温线及孔尺寸分布（嵌入图）

1—CMK-3；2—CMK-3-PDA-0.6-10；3—CMK-3-PDA-1.1-10；4—CMK-3-PDA-2.2-10；

5—CMK-3-PDA-4.4-10；6—CMK-3-PDA-1.1-5；7—CMK-3-PDA-1.1-24

制材料，由三维内交联的纳米棒组成，且在介孔墙壁上存在大量的微孔。研究人员认为有机分子优先在微孔中的聚集导致了介孔墙壁表观密度的增加，从而增强了介孔材料的结构规整性[156,207]。因此，CMK-3-PDA-0.6-10结构规整性的增强主要是由于多巴胺聚集体优先在微孔而不是介孔中的聚集。进一步分析可知，多巴胺聚集体更容易在微孔中聚集主要是因为更窄的平行孔墙壁间的吸附势能更高，导致 π-π 作用更强[206,208]。但随着多巴胺浓度的增加，会有更多的多巴胺聚集体开始在介孔中聚集，从而导致 100峰的强度开始逐渐减弱，如图 4.4(a) 所示。

氮气吸附-脱附测试进一步证实了上述结论。如表 4.2 所示，CMK-3-

PDA-0.6-10 的孔尺寸与 CMK-3 的孔尺寸相同,表明多巴胺更多地进入微孔,且因为浓度较低,使得没有多余的多巴胺沉积到介孔表面。随着多巴胺浓度的增加,CMK-3 的介孔表面会逐渐产生一个多巴胺聚集体涂层,从而使介孔尺寸相应减小(表 4.2),结构规整性也有所减弱。此外,由图 4.4(b)中的孔径分布曲线可知,随着多巴胺聚集体涂层的产生和增厚,材料的孔径分布曲线向更小尺寸平行移动,表明多巴胺聚集体涂层均匀地沉积于孔道表面。此外,由图 4.4(b)可知,CMK-3 的氮气吸附-脱附等温线具有明显的回滞环,属于Ⅳ型氮气吸附-脱附等温线,说明 CMK-3 属于典型的介孔材料。多巴胺聚集体沉积后,有序介孔炭的比表面积和孔体积都有所下降(表 4.2)。但对 CMK-3-PDA-0.6-10 和 CMK-3-PDA-1.1-10 而言,两者均较好地保持了介孔材料特有的Ⅳ型氮气吸附-脱附等温线(图 4.4(b)),表明其比表面积和孔体积的下降主要是由多巴胺聚集体堵塞了微孔导致。当采用的多巴胺浓度达到 4.4 g/L 时,有序介孔炭的介孔结构受到了较严重的破坏,导致氮气吸附-脱附等温线的形状发生较大变化(图 4.4(b)),且比表面积和孔体积发生比较大的下降(表 4.2)。因此,过高的多巴胺浓度会显著影响有序介孔炭的结构性质。

表 4.2　CMK-3 和 CMK-3-PDA 的结构参数

样　　品	比表面积/(m^2/g)	孔体积/(m^3/g)	孔尺寸/nm
CMK-3	1114	1.28	3.63
CMK-3-PDA-0.6-10	751	0.92	3.63
CMK-3-PDA-1.1-10	771	0.93	3.47
CMK-3-PDA-2.2-10	640	0.73	3.47
CMK-3-PDA-4.4-10	415	0.47	3.32
CMK-3-PDA-1.1-5	799	0.97	3.63
CMK-3-PDA-1.1-24	700	0.77	3.47

在研究沉积时间的影响时,采用的多巴胺浓度为 1.1 g/L,因为当多巴胺浓度为 1.1 g/L,沉积时间为 10 h 时,有序介孔炭的结构性质得到了较好的保留。多巴胺聚集体的沉积时间分别确定为 5 h,10 h 和 24 h。从图 4.4(a)可知,三种 CMK-3-PDA 均具有强的 100 峰,说明延长沉积时间并不会对有序介孔炭的结构规整性造成明显的破坏。当沉积时间为 5 h时,CMK-PDA-1.1-5 的平均孔径(表 4.2)与 CMK-3 相同,说明当沉积时间

较短时,多巴胺聚集体更多地沉积在微孔内。当沉积时间延长时,多巴胺聚集体才会在介孔墙壁表面逐渐形成均匀的涂层,并减小介孔孔径。此外,随着沉积时间的延长,有序介孔炭的比表面积和孔体积均逐渐减小,但即使当沉积时间达到 24 h 时,CMK-3-PDA-1.1-24 的氮气吸附-脱附等温线仍然具有明显的回滞环(图 4.4(b)),说明介孔结构得到了很好的保持。

　　由以上分析可知,通过简单地调整多巴胺浓度和沉积时间等参数,可以实现多巴胺聚集体涂层在有序介孔炭表面的可控生长,从而制备结构性质保持良好的多巴胺聚集体沉积型有序介孔炭复合材料。

4.3.2　材料的元素组成和功能基团分布

　　采用 EA 和 XPS 表征元素组成和含氮、含氧功能基团的分布。CMK-3 和不同 CMK-3-PDA 的元素组成见表 4.3。与 CMK-3 相比,多巴胺聚集体沉积型有序介孔炭的碳含量更低,而氮含量和氧含量均有所增加,表明有序介孔炭表面沉积了一定量的含氮和含氧功能基团。此外,随着多巴胺浓度的增加或沉积时间的延长,CMK-3-PDA 的氮含量和氧含量逐渐增加。上述结果表明,在同样的沉积时间内,多巴胺浓度的增加使得更多的多巴胺聚集体沉积到有序介孔炭表面;在同样的多巴胺浓度下,延长沉积时间同样有利于增加多巴胺聚集体的沉积密度。

表 4.3　CMK-3 和 CMK-3-PDA 的元素组成、沉积密度和铀吸附量

样　品	EA/%(质量分数)				含氮基团密度 /(μmol/m^2)	含氧基团密度 /(μmol/m^2)	铀吸附能力 /(mg/g)
	C	H	N	O			
CMK-3	91.4	1.1	0.2	7.3	0	0	25.1
CMK-3-PDA-0.6-10	89.2	1.7	1.0	8.1	0.8	1.5	43.2
CMK-3-PDA-1.1-10	87.7	1.8	1.5	9.0	1.2	2.4	53.7
CMK-3-PDA-2.2-10	84.9	2.0	2.1	11.0	2.1	4.2	75.0
CMK-3-PDA-4.4-10	80.9	2.4	2.9	13.8	4.7	9.3	93.6
CMK-3-PDA-1.1-5	90.2	1.5	1.1	7.2	0.8	1.6	44.8
CMK-3-PDA-1.1-24	85.1	1.8	2.1	11.0	2.0	3.9	76.3

　　根据元素组成和结构参数计算得到了表面含氮和含氧功能基团的接枝密度。由表 4.3 可知,当多巴胺浓度达到 4.4 g/L,沉积时间为 10 h 时,多巴胺聚集体沉积型有序介孔炭的表面含氮功能基团密度达到 4.7 μmol/m^2,表

面含氧功能基团密度达到 9.3 $\mu mol/m^2$,远远高于重氮化法得到的功能基团接枝密度,并且与介孔硅材料的功能基团密度相当($6\sim 9\ \mu mol/m^2$)[197]。由于高密度的表面含氮和含氧功能基团的存在,多巴胺聚集体沉积型有序介孔炭的亲水性得到了显著提升(图 4.1)。此外,多巴胺聚集体涂层为进一步共价功能化提供了一个高效的反应平台,很大程度上弥补了有序介孔炭表面化学惰性的劣势。

为进一步确定材料的元素组成和功能基团分布,采用 XPS 对 CMK-3 和 CMK-3-PDA-1.1-24 进行表征。CMK-3 和 CMK-3-PDA-1.1-24 的 XPS 测量能谱如图 4.5 所示。CMK-3 的测量能谱有 C1s 和 O1s 两个主要的特征峰,表明 CMK-3 主要由 C 和 O 组成。相比而言,CMK-3-PDA-1.1-24 的测量能谱包括 C1s,N1s 和 O1s 三个主要的特征峰,说明 CMK-3-PDA-1.1-24 主要由 C,N 和 O 组成。N1s 特征峰的出现及 O1s 特征峰相对强度的增加,均说明多巴胺聚集体成功沉积到有序介孔炭的表面。根据峰面积比例计算,可进一步得到详细的元素组成数据,见表 4.4。与元素分析结果相比,XPS 表征结果中的 C 和 N 含量偏高,O 含量偏低。但 XPS 主要表征了材料表层大约 6nm 深度以内的元素组成情况,元素分析则给出了体相材料的元素组成。

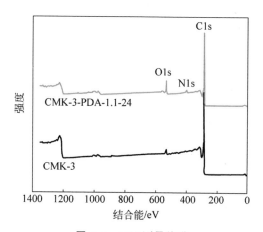

图 4.5 XPS 测量能谱

由于多巴胺聚集体组成的复杂性,采用 XPS 高分辨能谱对功能基团的分布进行了更深入的分析。据相关报道[199],多巴胺聚集体不是真正意义上的大分子聚合物,而是由不同分子量的低聚物、多巴胺单体等基于共价连接和非共价相互作用形成的聚集体。因此,在多巴胺聚集体中,含

有—OH，—NH$_2$，—NH—和—N＝等多种功能基团。通过对 CMK-3-
PDA-1.1-24 的 N1s 和 O1s 高分辨能谱进行分峰拟合，可得到含氮和含氧
功能基团的分布信息。如图 4.6(a)所示，N1s 高分辨能谱可以分成两个不
同的峰，表明主要有两种不同种类的 N 存在。其中，在结合能 400.4 eV 左
右的峰代表—NH—或—NH$_2$ 基团，结合能 399.6 eV 左右的峰代表—N＝
基团[209]。根据峰面积比例可进一步得知，含氮功能基团中—NH—或—NH$_2$
基团的比例大概为 65.2％，—N＝基团的比例大概为 34.8％（表 4.4）。此
外，由 O1s 高分辨能谱分峰拟合结果可知（图 4.6(b)），含氧功能基团中有
大概 76.4％的 O 来源于酚羟基（表 4.4）。

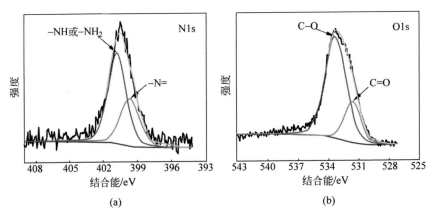

图 4.6　CMK-3-PDA-1.1-24 的高分辨 XPS 能谱（见文前彩图）

(a) N1s；(b) O1s

表 4.4　元素组成和功能基团分布　　　　　　　　　　　　　％

样　　品	元素组成（质量分数）			峰面积比例			
				N1s		O1s	
	C	O	N	—NH—或—NH$_2$	—N＝	C=O	C-O
CMK-3-PDA-1.1-24	87.9	9.5	2.7	65.2	34.8	23.6	76.4

由 EA 和 XPS 表征可知，多巴胺聚集体沉积型有序介孔炭中含有大量
对金属离子具有较强配位作用的—OH，—NH—和—NH$_2$ 等功能基团，
且—OH，—NH—和—NH$_2$ 均属于亲水性基团，有利于提升材料在水相中的
分散性，进而增强吸附能力。此外，—OH，—NH—和—NH$_2$ 基团均为较活
泼的反应性基团，可实现多巴胺聚集体沉积型有序介孔炭的进一步功能化。

4.3.3　不同材料对铀的吸附性能

由图 4.1 可知,多巴胺聚集体沉积后,复合材料的亲水性得到了显著提升。为评估多巴胺聚集体沉积型 CMK-3 对铀的吸附能力,将 CMK-3 和所有 CMK-3-PDA 用于铀的吸附实验。吸附实验在弱酸性(pH=5)的含铀水溶液中进行。由表 4.3 可知,多巴胺聚集体沉积型 CMK-3 对铀的吸附能力要显著高于 CMK-3(13.7 mg/g),说明多巴胺聚集体的沉积显著提升了材料对铀的吸附能力。其中,CMK-3-PDA-4.4-10 表现出了最强的铀吸附能力,吸附量达到 93.6 mg/g。

此外,从图 4.7 可以发现,CMK-3 和多巴胺聚集体沉积型 CMK-3 对铀的吸附能力与材料表面含氮和含氧功能基团的密度具有非常强的相关性。随着含氮和含氧功能基团的增加,材料对铀的吸附能力也相应增加,并表现出了非常相似的趋势。由此可知,铀吸附能力的提升主要归因于多巴胺聚集体沉积型 CMK-3 表面的高密度含氮和含氧功能基团。此外,可以发现,通过调节制备多巴胺聚集体沉积型 CMK-3 的实验参数,可以有效控制表面含氮和含氧功能基团的接枝密度,从而实现对铀的吸附能力的调控。

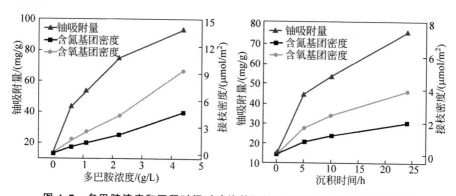

图 4.7　多巴胺浓度和沉积时间对功能基团接枝密度和铀吸附性能的影响

(a) 多巴胺浓度对功能基团接枝密度和铀吸附性能的影响;(b) 沉积时间对功能基团接枝密度和铀吸附性能的影响(pH=5,C_0=50 mg/L,m/V=0.25 g/L,θ=28℃,t=48 h)

4.3.4　pH 对材料吸附铀性能的影响

利用 CMK-3 和 CMK-3-PDA-1.1-24 研究 pH 对铀吸附性能的影响。图 4.8 是不同 pH 条件下,CMK-3 和 CMK-3-PDA-1.1-24 对铀的吸附容量

对比图。当 pH 为 3 时,由于多巴胺聚集体中含氮和含氧基团的质子化及溶液中较高浓度的质子的竞争作用,使得两种材料对铀的吸附能力均非常弱。随着 pH 的增加,两种材料对铀的吸附能力均呈增强趋势,说明质子浓度的减少一方面使材料表面含氮和含氧功能基团的质子化现象减弱,另一方面降低了质子的竞争作用,从而使含氮和含氧基团更容易与 U(Ⅵ)发生配位作用。此外,当 pH=6 时,CMK-3-PDA-1.1-24 对铀的吸附能力最大,达到 112.7 mg/g。

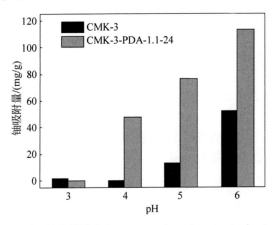

图 4.8　pH 对材料吸附性能的影响(C_0＝50 mg/L,m/V＝0.25 g/L,θ＝28℃,t＝48 h)

在研究多巴胺聚集体包覆的磁性纳米颗粒对 U(Ⅵ)的吸附性能时[210],由 XPS 表征可知,多巴胺聚集体中的氨基、亚氨基和酚羟基均参与了 U(Ⅵ)的配位,但氨基和亚氨基的参与很少,而酚羟基的作用更明显。由 EXAFS 表征可知,U(Ⅵ)仅与 O 原子连接,且参与配位的 O 原子数为 4.7±0.9,表明 U(Ⅵ)主要与水分子和(或)酚羟基形成配位结构。该结果与 U(Ⅵ)和氧化石墨烯的配位研究结果比较一致[194-195]。由此可以推知,多巴胺聚集体沉积型 CMK-3 对 U(Ⅵ)良好的吸附能力可能主要归因于酚羟基与 U(Ⅵ)的强配位作用。

4.3.5　材料对铀的吸附动力学

对有序介孔炭而言,由于有序的通道和均一的介孔孔径,其对 U(Ⅵ)的吸附速度非常快,如图 4.9 所示。10 min 以内,CMK-3 对 U(Ⅵ)的吸附已基本达到平衡,说明 U(Ⅵ)能够快速扩散并迅速与 CMK-3 表面发生作用。比较而言,多巴胺聚集体沉积型 CMK-3 对 U(Ⅵ)的吸附速度更慢一些。

如图 4.9 所示,CMK-3-PDA-1.1-24 对 U(Ⅵ)的吸附量随着时间较缓慢地增加,当吸附时间达到 720 min 时,吸附基本达到平衡。较慢的吸附速度可能主要归因于多巴胺聚集体的无序结构。多巴胺聚集体涂层属于多孔结构,但其结构相对复杂,且孔径较小,U(Ⅵ)在其内部的扩散可能远远慢于U(Ⅵ)在未功能化的有序介孔炭中的扩散,因而降低了吸附速度。

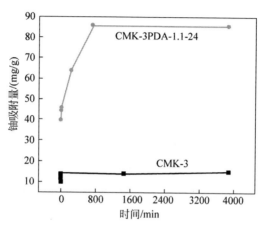

图 4.9　吸附时间对材料吸附性能的影响(pH=5,C_0=50 mg/L,m/V=0.25 g/L,θ=28℃)

此外,引入吸附动力学模型对吸附数据进行拟合。由表 4.5 的吸附动力学模型拟合参数可知,CMK-3-PDA-1.1-24 对 U(Ⅵ)的吸附动力学更接近拟二级动力学,且拟二级动力学模型得到的理论平衡吸附量(86.1 mg/g)与实验得到的平衡吸附量(85.9 mg/g)基本相同。上述结果说明 U(Ⅵ)在CMK-3-PDA-1.1-24 表面的吸附主要由化学络合作用导致。

表 4.5　CMK-3-PDA-1.1-24 对铀的吸附动力学模型拟合参数

拟一级动力学			拟二级动力学		
k_1/(1/min)	Q_e/(mg/g)	R^2	k_2/[g/(mg·min)]	Q_e/(mg/g)	R^2
0.0014	39.3	0.993	0.00059	86.1	0.999

4.3.6　材料对铀的吸附等温线

采用不同初始浓度的铀溶液测量 CMK-3 和 CMK-3-PDA-1.1-24 对铀的吸附容量。由图 4.10 可知,随着铀初始浓度的增加,CMK-3 和 CMK-3-PDA-1.1-24 对铀的吸附能力呈增强趋势。CMK-3 对铀的最大吸附容量约

为 14 mg/g，而 CMK-3-PDA-1.1-24 对铀的吸附容量达到 113 mg/g，是
CMK-3 铀吸附容量的 8 倍左右，表明表面含氮和含氧功能基团的存在增强
了 CMK-3-PDA-1.1-24 对铀的吸附能力。

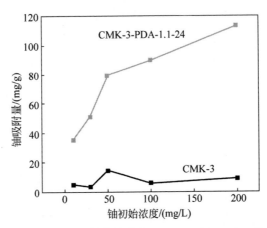

图 4.10　铀的初始浓度对材料吸附性能的影响（pH＝5，m/V＝0.25 g/L，θ＝28℃，t＝65 h）

　　为了更好地理解 CMK-3-PDA-1.1-24 对铀的吸附行为，引入 Langmuir
和 Freundlich 吸附等温线模型来分析吸附过程。图 4.11(a)和(b)是分别根
据 Langmuir 模型和 Freundlich 模型拟合得到的曲线，表 4.6 是采用
Langmuir 模型和 Freundlich 模型拟合得到的相关参数。可以发现，两种
模型拟合得到的曲线均和实验数据有较强的相关性，且相关系数相近，表明

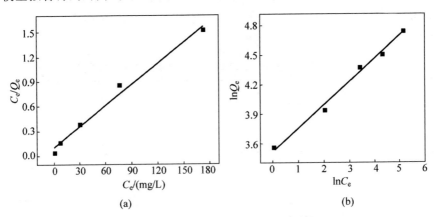

图 4.11　CMK-3-PDA-1.1-24 对铀的吸附等温线模型

（a）Langmuir 模型；（b）Freundlich 模型

CMK-3-PDA-1.1-24 对铀的吸附可能同时存在均相吸附和非均相吸附两种过程。此外，由 Langmuir 模型得到的理论最大吸附容量为 117 mg/g。

表 4.6　CMK-3-PDA-1.1-24 对铀的吸附等温线模型拟合参数

Langmuir 模型			Freundlich 模型		
K_L/(L/g)	Q_m/(mg/g)	R^2	K_F	n	R^2
0.09	117	0.983	33.71	4.29	0.985

4.3.7　材料对铀的吸附选择性

采用表 4.1 所列的溶液研究 CMK-3 和 CMK-3-PDA 对铀的吸附选择性。在 U(Ⅵ),Cr(Ⅲ),La(Ⅲ),Sr(Ⅱ),Zn(Ⅱ),Ni(Ⅱ),Co(Ⅱ) 和 K(Ⅰ) 等多种金属离子共存的条件下，CMK-3 对 U(Ⅵ) 具有最大的吸附量，但对 Cr(Ⅲ) 的吸附量也相对较大，如图 4.12 所示。相对于 Cr(Ⅲ),CMK-3 对 U(Ⅵ) 的选择性系数为 0.6，表明 CMK-3 对 Cr(Ⅲ) 有更强的吸附能力。由于 CMK-3 表面功能基团较少，CMK-3 对 U(Ⅵ) 和 Cr(Ⅲ) 的吸附可能更倾向于物理吸附。与 CMK-3 相比，多巴胺聚集体沉积型 CMK-3 也对 U(Ⅵ) 和 Cr(Ⅲ) 具有较强的吸附能力，但比较而言，多巴胺聚集体的沉积使吸附材料对 U(Ⅵ) 吸附能力的提升显著高于对 Cr(Ⅲ) 吸附能力的提升。并且，

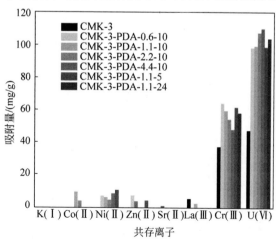

图 4.12　材料对铀的吸附选择性(pH=5,θ=28℃,t=72 h,CMK-3 和 CMK-3-PDA 的 m/V 分别为 2 g/L 和 1 g/L)(见文前彩图)

随着多巴胺聚集体沉积密度的增加,CMK-3-PDA 对 U(Ⅵ)的吸附能力呈上升趋势,对 Cr(Ⅲ)的吸附能力则逐渐下降,CMK-3-PDA-4.4-10 表现出了最好的铀吸附选择性。相对于 Cr(Ⅲ),CMK-3-PDA-4.4-10 对 U(Ⅵ)的选择性系数为 1.5,显著高于 CMK-3 对 U(Ⅵ)的选择性系数,表明多巴胺聚集体沉积显著提高了有序介孔炭对铀的吸附选择性。由此说明,多巴胺聚集体中酚羟基与 U(Ⅵ)具有更强的配位作用。由以上分析可知,多巴胺聚集体带有的大量酚羟基对提升铀吸附选择性具有重要作用。

4.3.8　材料复用性能

图 4.13 是 CMK-3-PDA-1.1-24 复用性能结果。由图可知,每一次铀吸附、脱附循环后,CMK-3-PDA-1.1-24 对铀的吸附量均有一定的下降。从每次的脱附率(93%,90% 和 84%)来看,每一次循环均有 7%～16% 的 U(Ⅵ)未脱附下来。因此,第二次和第三次吸附时,约 10% 的吸附能力下降可能是由于 U(Ⅵ)未完全脱附下来,从而影响了材料对 U(Ⅵ)的吸附性能。U(Ⅵ)的较难脱附有两种可能的原因。一方面可能是因为 0.1 mol/L 盐酸对 U(Ⅵ)的脱附效果不理想,另一方面可能是因为铀吸附在多巴胺聚集体的无序孔道中,不易洗脱。因此,需要在深入研究铀的吸附机理的基础上,选取更有效的脱附剂和脱附条件。总体来说,经过 3 次循环,CMK-3-PDA-1.1-24 仍然保留了较好的吸附性能。

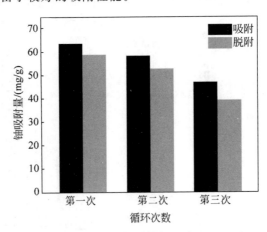

图 4.13　材料的复用性能（pH＝5,C_0＝50 mg/L,m/V＝0.5 g/L,θ＝28℃,t＝24 h）

4.4　小　　结

本章建立了基于多巴胺化学实现有序介孔炭表面功能化的方法,该方法高效且操作简便、条件温和。利用生物分泌的多巴胺,在弱碱性的水和乙醇混合溶液中,通过调节多巴胺浓度和沉积时间等实验参数,即可制备结构性质保持良好、功能基团接枝量可调的功能化有序介孔炭复合材料。该材料具有良好的亲水性和铀吸附能力。

本章的主要结论如下:

(1) 乙醇作为一种自由基捕获试剂,可以有效调控多巴胺聚集的速度,防止多巴胺均相成核生成多巴胺聚集体颗粒。TEM 和 SEM 结果表明,多巴胺在有序介孔炭表面发生异相成核而形成多巴胺聚集体沉积层,并且没有多巴胺聚集体颗粒产生。

(2) 通过简单地调整多巴胺浓度和沉积时间等参数,可以调控多巴胺聚集体涂层在有序介孔炭表面的生长,从而制备得到结构性质保持良好的多巴胺聚集体沉积型有序介孔炭。研究表明,多巴胺的沉积不仅不会严重破坏有序介孔炭的结构规整性,反而会使结构规整性得到提升。这种现象主要归因于多巴胺聚集体优先填充微孔导致的孔墙壁表观密度增加。

(3) 多巴胺聚集体沉积型有序介孔炭表面含有高密度的含氮和含氧功能基团,且功能基团接枝量可实现可控调节。当多巴胺浓度为 4.4 g/L、沉积时间为 10 h 时,表面含氮和含氧功能基团的接枝密度分别为 4.7 μmol/m^2 和 9.3 μmol/m^2,甚至与介孔硅基材料的表面反应性基团密度相当(6～9 μmol/m^2)。此外,含氮功能基团主要为—NH$_2$ 和—NH—,含氧功能基团主要为—OH。高密度含氮和含氧功能基团的存在大幅度改善了有序介孔炭表面的化学惰性和亲水性。

(4) 多巴胺聚集体沉积型有序介孔炭具有良好的铀吸附性能和吸附选择性。与 CMK-3 相比,CMK-3-PDA 的铀吸附能力显著增强,且 CMK-3-PDA 对铀的吸附能力与材料表面功能基团的密度具有非常强的相关性。分析可知,CMK-3-PDA 对铀的吸附能力的提升主要归因于酚羟基与 U(Ⅵ)的强配位作用。随着 pH 的升高,铀的吸附能力呈上升趋势,这主要归因于质子化效应的减弱。CMK-3-PDA 对铀的吸附速度比 CMK-3 慢,可能是多巴胺聚集体的复杂结构影响了铀的扩散。在 pH=5 时,CMK-3-PDA-1.1-24 对铀的理论最大吸附容量为 117 mg/g,且其对铀的吸附可能存在均相吸附和非均相吸附两种过程。

第5章 聚合物接枝型介孔炭的可控制备

5.1 引　言

聚合物涂抹是改善介孔炭物理和化学性质、提升介孔炭功能性的重要手段。相比于一般的基团或小分子修饰，聚合物功能化能够更大程度地影响介孔炭的性质。研究表明，聚合物涂抹的介孔炭能够同时具备介孔炭和聚合物两者的性质[156]。截至目前，聚合物涂抹的介孔炭已应用于超级电容器[157]、Li-S电池[159]、CO_2吸附[161]和铀吸附分离[175]等领域，并表现出了优良的性能。因此，为了进一步提升介孔炭基吸附材料对铀的吸附性能，本章将尝试制备聚合物功能化的介孔炭。

原子转移自由基聚合（ATRP）技术是一种可控自由基聚合技术，能够实现聚合物分子量及其分布的精确控制，从而更好地控制聚合物的链段长度[119-120]。目前，ATRP技术已经广泛用于制备聚合物功能化的硅片[211]、金属氧化物[212]和介孔硅[213]等复合材料。在碳纳米管[214]、富勒烯[215]、石墨烯[216]和炭黑[217]等纳米炭材料的聚合物功能化方面，ATRP技术也得到了一定的研究。然而，截至目前，利用ATRP技术制备介孔炭/聚合物复合材料的工作尚未见报道。与上述纳米炭材料相比，由于介孔炭受限的空间，研究聚合物在介孔炭内部的生长具有重要的学术价值。尽管许多研究者比较系统地研究了聚合物在介孔硅内部的生长过程[218-221]，但以往采用的介孔硅大部分为六方晶形的空间结构，对不同空间结构的介孔材料研究较少。因此，本章选择两种不同空间结构的介孔炭（分别为六方晶系结构的有序介孔炭CMK-3和立方双连续结构的氮掺杂介孔炭CTNC）作为研究对象，系统研究聚合物在其表面的生长过程，从而为制备结构性质保持良好、聚合物链长和接枝量高度可控的介孔炭/聚合物复合材料提供重要的参考。由于甲基丙烯酸缩水甘油酯（GMA）单体含有高反应活性的环氧基团[222]，选择其作为研究对象，构建可进一步化学修饰的聚甲基丙烯酸缩水甘油酯（PGMA）接枝型介孔炭复合材料。引发剂连续再生催化剂型ATRP技术

(ICAR ATRP)用于实施 GMA 的聚合。该技术可以得到窄分子量分布的 PGMA,且能够防止环氧基团发生副反应[223]。

　　在实施 SI-ATRP 之前,首先需要将 ATRP 引发剂接枝到介孔炭表面。然而,由于介孔炭的表面惰性,使得 ATRP 引发剂的高密度接枝存在一定困难。由第 4 章的研究可知,多巴胺聚集体(PDA)可以沉积到介孔炭的表面并形成一个反应性功能涂层。Wei 等[224]曾利用碳纳米管表面的多巴胺聚集体涂层实现 ATRP 引发剂的接枝,并成功实施了单电子转移活性自由基聚合(SET-LRP)。因此,本章尝试通过介孔炭表面沉积的多巴胺聚集体涂层引入 ATRP 引发剂,制备 ATRP 引发剂接枝的介孔炭,并实施聚合物的可控生长。该制备方法不仅能够实现聚合物链段的可控生长,而且由于强的 π-π 作用,多巴胺聚集体涂层与介孔炭表面之间的相互作用很强,使得复合材料中介孔炭与接枝聚合物之间的连接更稳定。以往制备的介孔炭/聚合物复合材料均采用原位聚合法,导致聚合物与介孔炭表面之间的相互作用较弱,可能会影响材料的稳定性。

　　本章首次采用多巴胺化学耦合 ICAR ATRP 改性介孔炭的方法,实现 PGMA 接枝型介孔炭的可控制备。PGMA 接枝型介孔炭的制备过程如图 5.1 所示(以 CMK-3 为例)。首先,分别制备多巴胺聚集体沉积型 CMK-3 和 CTNC。以多巴胺聚集体涂层为反应平台,通过溴代异丁酰溴(BiBB)与酚羟基和氨基之间的亲核取代反应,将 ATRP 引发剂共价接枝到介孔炭的表面,从而得到 ATRP 引发剂接枝的介孔炭。GMA 的聚合首先在自由引发剂 2-溴异丁酸乙酯(EBiB)的存在下进行。因此,除了 ATRP 引发剂接枝的介孔炭的表面可以实现 GMA 的引发聚合外,溶液中的 EBiB 也会引发 GMA 的聚合。通过监测溶液中游离 PGMA 的聚合情况,可以推测炭表面接枝 PGMA 的生长情况。为了更好地控制聚合过程,采用高度稀释策略实施 PGMA 在介孔炭表面的可控聚合。在 ICAR ATRP 体系中,一般需要加入自由基引发剂 AIBN,从而实现催化剂的循环再生。但高浓度的 AIBN 容易导致过快的聚合速率,使聚合过程中的死链比例增加,同时会造成更多的 AIBN 引发的游离聚合物的产生[225]。因此,采用高稀释策略实现 AIBN 浓度的显著降低有利于减少游离聚合物的产生,并降低 GMA 聚合过程中的死链比例,提高聚合物链末端的功能性。此外,显著降低的聚合速度也有利于实现结构性质保持良好、聚合物接枝量可调的 PGMA 接枝型介孔炭的可控制备。由于大量高反应活性的环氧基团的存在,该复合材料可以方便地进行进一步的共价修饰。

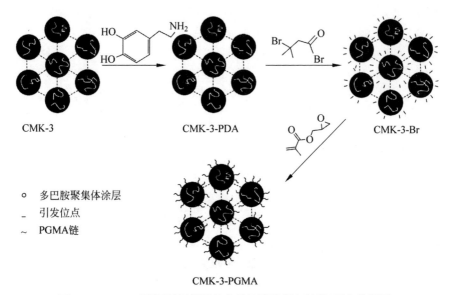

图 5.1　CMK-3/聚甲基丙烯酸缩水甘油酯的制备过程(见文前彩图)

5.2　实 验 部 分

5.2.1　实验试剂

本实验所需的主要化学试剂如下：有序介孔炭(CMK-3)：南京吉仓纳米技术有限公司，比表面积为 1156 m^2/g，孔体积为 1.62 cm^3/g，平均孔尺寸为 5.6 nm；氮掺杂介孔炭(CTNC)：由第 2 章制备得到，比表面积为 379 m^2/g，孔体积为 0.65 cm^3/g，平均孔尺寸为 13.4 nm；甲基丙烯酸缩水甘油酯(Glycidyl Methacrylate，GMA)：Aldrich，纯度为 99%；多巴胺盐酸盐：Aldrich，纯度约为 98%；三羟甲基氨基甲烷(Tris(hydroxymethyl)aminomethane，Tris)：Fisher，纯度为 99.5%；三乙胺(Triethylamine，TEA)：Aldrich，纯度大于 99%；溴代异丁酰溴(α-bromoisobutyryl bromide，BiBB)：Aldrich，纯度为 98%；2-溴异丁酸乙酯(Ethyl 2-bromoisobutyrate，EBiB)：Acros，纯度为 98%；偶氮二异丁腈(a,a'-azoisobutyronitrile，AIBN)：Sigma-Aldrich，纯度为 98%；溴化铜(CuBr$_2$)：Acros Organics，纯度大于 99%；苯甲醚：Aldrich Reagent Plus，纯度为 99%；三(2-吡啶甲基)胺(Tris(2-pyridylmethyl)amine，TPMA)：

据文献合成[184]；乙醇：Fisher，纯度为 99.9%；四氢呋喃（Tetrahydrofuran，THF）：Fisher，纯度为 99.9%，并由溶剂纯化系统（JCMeyer Solvent Systems）除水后使用。

5.2.2　材料制备

（1）多巴胺聚集体沉积型 CMK-3 和 CTNC 的制备

将 100 mg 介孔炭分散于体积比为 4∶3 的 70 mL 乙醇和水的混合溶液中。超声分散 10 min 后，在搅拌条件下，加入 100 mg 多巴胺盐酸盐。5 min 后，逐滴加入 20 mL 0.025 mol/L 的 Tris 缓冲液。结束后，使上述反应体系保持在 25℃下 24 h。最终，多巴胺聚集体沉积型介孔炭（分别命名为 CMK-3-PDA 和 CTNC-PDA）经过乙醇和水反复洗涤后放置在 40℃真空烘箱内保存 24 h。

（2）介孔炭的 ATRP 引发剂接枝

将 250 mg 上述多巴胺聚集体沉积型介孔炭和 20 mL 无水四氢呋喃加入希莱克瓶。超声处理 10 min 后，在氮气保护和搅拌条件下，缓慢加入 2 mL 三乙胺。5 min 后，逐滴加入 1.8 mL BiBB 和 20 mL 无水四氢呋喃混合溶液，反应 24 h。上述过程均在室温下进行。使用四氢呋喃、丙酮和甲醇反复洗涤 ATRP 引发剂接枝的介孔炭（分别命名为 CMK-3-Br 和 CTNC-Br），并将其置于 40℃真空烘箱保存 24 h。

（3）PGMA 接枝型介孔炭的可控制备

取一定量 ATRP 引发剂接枝的介孔炭加入希莱克瓶中，依次加入苯甲醚、GMA、EBiB（部分实验加入）和 AIBN。随后，将希莱克瓶密封，在搅拌条件下，通入氮气。20 min 后，在氮气保护下，用微量进样器取一定体积的 $CuBr_2$ 和 TPMA 混合溶液加入反应体系（$CuBr_2$ 和 TPMA 混合溶液由 10 mg $CuBr_2$ 和 54 mg TPMA 溶解在 10 mL DMF 中配制而成）。将体系温度升至 60℃，并保持若干小时。最终产物用四氢呋喃反复洗涤 3 次，并放置于 40℃真空烘箱内干燥 12 h。

根据表 5.1 中的实验条件，制备一系列 PGMA 接枝型介孔炭。在加入 EBiB 的情况下，制备 PGMA 接枝型 CMK-3 的原料摩尔比为 ［GMA］∶［EBiB］∶［CMK-3-Br］∶［AIBN］∶［$CuBr_2$］∶［TPMA］=100∶1∶0.03∶0.1∶0.02∶0.06，制备 PGMA 接枝型 CTNC 的原料摩尔比为 ［GMA］∶［EBiB］∶［CTNC-Br］∶［AIBN］∶［$CuBr_2$］∶［TPMA］=100∶1∶0.01∶0.1∶0.02∶0.06。在不加入 EBiB 的情况下，采用高度稀释策略，显著增

加苯甲醚的用量(表 5.1)。此时,制备 PGMA 接枝型 CMK-3 的原料摩尔比为[GMA]：[CMK-3-Br]：[AIBN]：[CuBr$_2$]：[TPMA]＝100：1：0.1：0.02：0.06,制备 PGMA 接枝型 CTNC 的原料摩尔比为[GMA]：[CTNC-Br]：[AIBN]：[CuBr$_2$]：[TPMA]＝100：1：0.1：0.02：0.06。其中,ATRP 引发剂接枝的介孔炭表面溴的含量根据热重曲线计算得到。PGMA 接枝型介孔炭命名为 CMK-3-PGMA-X 和 CTNC-PGMA-X,或者 CMK-3-PGMA-HD-X 和 CTNC-PGMA-HD-X,其中,X 代表聚合时间,HD 是 high dilution 的缩写,指采用高度稀释策略时制备的产物。

表 5.1   GMA 聚合的实验条件和结果

样　　品	GMA/苯甲醚 (体积比)	M_n	M_n/M_w	接枝量/% (质量分数)
CMK-3-PGMA-2	1：1	17 000	1.31	34.5
CMK-3-PGMA-4	1：1	22 500	1.22	39.1
CMK-3-PGMA-HD-8	1：12	—	—	15.3
CMK-3-PGMA-HD-19	1：12	—	—	31.4
CTNC-PGMA-2	1：1	16 730	1.27	17.2
CTNC-PGMA-4	1：1	22 890	1.27	16.0
CTNC-PGMA-HD-24	1：6	—	—	7.7
CTNC-PGMA-HD-48	1：6	—	—	17.7

5.2.3　仪器与表征方法

TEM 在 HT-7700 透射电子显微镜上进行,用于表征 CMK-3 和 CTNC 的微观形貌。首先将 CMK-3 和 CTNC 分散于乙醇中,超声 10 min 左右,用滴管将上述液滴分散于有碳膜的铜网上,并在 120 kV 加速电压下观察。

氮气吸附-脱附实验在表面积和多孔性分析仪(Gemini VII 2390)上进行,用于表征 CMK-3 系列材料和 CTNC 系列材料的结构性质,包括比表面积、孔体积、平均孔尺寸和孔径分布等。在测试前,CMK-3 系列材料和 CTNC 系列材料均在 80℃ 条件下真空脱气 6 h 以上。采用 Brunauer-Emmett-Teller(BET)法计算比表面积,t-plot 方法测定微孔表面积和介孔表面积。此外,参考氮气脱附数据,并采用 Barrett-Joyner-Halenda(BJH)方法测定孔体积、平均孔尺寸和孔径分布。

TGA 在 TA instruments Q50 上进行,用于 CMK-3 系列材料和 CTNC 系列材料功能基团接枝量的定量分析。在氮气气氛下,将样品从室温升温至 600℃或 450℃,升温速率为 10℃/min。

GPC 用于分析聚合物的分子量及其分布。GPC 系统使用 Waters 515 型泵和 Waters 410 型示差折光仪,四氢呋喃作为洗脱液,流速为 1 mL/min,温度为 35℃,线性聚甲基丙烯酸甲酯用作 PGMA 的校准物。

5.3　结果与讨论

5.3.1　两种介孔炭的结构特性

CMK-3 是具有六方晶系空间结构的有序介孔炭,其介孔通道呈长柱型,如图 5.2(a)所示。CMK-3 具有非常大的比表面积(1156 m²/g)和孔体积(1.62 cm³/g),但介孔尺寸相对较小,仅为 5.6 nm,见表 5.2。由图 5.3 可知,CMK-3 具有 Ⅳ 型氮气吸附-脱附等温线,属于介孔材料,且其介孔尺寸分布均一。CTNC 是具有立方双连续空间结构的氮掺杂介孔炭[126],其介孔通道相互贯通,如图 5.2(b)所示。CTNC 是由嵌段共聚物聚丙烯腈-b-聚丙烯酸丁酯(PAN-b-PBA)经过热处理交联和碳化等过程得到。PAN-b-PBA 由原子转移自由基聚合技术合成,PBA 和 PAN 的聚合物链段长度分布较窄,碳化后得到的氮掺杂炭属于介孔材料且具有相对均一的孔尺寸,如图 5.4 所示。此外,CTNC 的平均孔尺寸为 13.4 nm,显著大于 CMK-3 的孔尺寸,但其比表面积(379 m²/g)显著低于 CMK-3 的比表面积。因此,将上述两种具有不同结构性质的介孔炭作为研究对象,有利于更深入地理解聚合物在多孔通道内的生长过程。

表 5.2　CMK-3 系列材料和 CTNC 系列材料的结构参数

样　　品	比表面积/(m²/g)			孔体积/(cm³/g)	孔尺寸/nm
	微孔	介孔	总和		
CMK-3	245	911	1156	1.62	5.6
CMK-3-PDA	37	642	679	1.01	5.1
CMK-3-Br	0	707	707	0.96	4.8
CMK-3-PGMA-HD-8	0	279	279	0.35	4.7
CMK-3-PGMA-HD-19	0	4.4	4.4	0.04	—
CTNC	173	206	379	0.65	13.4
CTNC-PDA	0	140	140	0.43	11.5
CTNC-Br	1	153	154	0.42	11.6
CTNC-PGMA-HD-24	0	96	96	0.25	9.5
CTNC-PGMA-HD-48	0	0	2	0.01	—

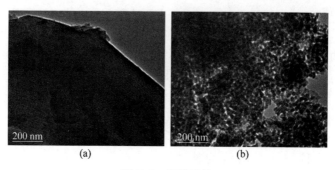

图 5.2　微观形貌

（a）CMK-3；（b）CTNC

5.3.2　介孔炭的多巴胺聚集体沉积

由第 4 章可知，多巴胺聚集体能够在 CMK-3 表面沉积出均匀的涂层。如表 5.2 所示，由平均孔尺寸的变化可知，一个平均厚度为 0.25 nm 左右的多巴胺聚集体涂层成功沉积到了 CMK-3 表面。此外，CMK-3-PDA 孔径尺寸的平行位移（图 5.3(b)）说明多巴胺聚集体涂层比较均一。多巴胺聚集体沉积后，有序介孔炭的比表面积明显下降，从 1156 m^2/g 变成 679 m^2/g。并且，多巴胺聚集体覆盖了约 85% 的微孔和约 30% 的介孔，证明微孔内加强的 π-π 相互作用使多巴胺聚集体优先占据微孔。但由 CMK-3-PDA 的氮气吸附-脱附等温线可知（图 5.3(a)），多巴胺聚集体沉积后，CMK-3-PDA 仍然具有明显的介孔结构。

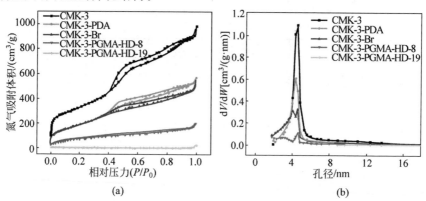

图 5.3　CMK-3 系列材料的 N_2 吸附-脱附实验结果（见文前彩图）

（a）CMK-3 系列材料的 N_2 吸附-脱附等温线；（b）CMK-3 系列材料的孔尺寸分布

在制备 CTNC-PDA 的实验中,发现了与 CMK-3-PDA 类似的现象。多巴胺聚集体的沉积占据了所有的微孔和部分介孔,比表面积发生了明显的下降(表 5.2),但介孔结构得到了很好的保持(图 5.4(a))。由 CTNC 的孔径分布和平均孔尺寸可知(图 5.4(b)和表 5.2),CTNC 的孔道表面沉积了一层均匀的、平均厚度为 1 nm 左右的多巴胺聚集体涂层。因此,通过多巴胺聚集体沉积,得到了带有均匀的多巴胺聚集体涂层且结构性质保持良好的 CMK-3-PDA 和 CTNC-PDA 复合材料。

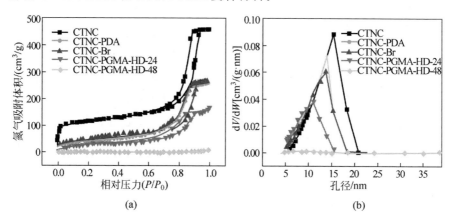

图 5.4　CTNC 系列材料的 N$_2$ 吸附-脱附实验结果(见文前彩图)

(a) CTNC 系列材料的 N$_2$ 吸附-脱附等温线;(b) CTNC 系列材料的孔尺寸分布

5.3.3　介孔炭的 ATRP 引发剂接枝

由于高密度含氮和含氧功能基团的存在,多巴胺聚集体涂层可以作为一个高效的反应平台,实施进一步的表面功能化[198]。ATRP 引发剂 BiBB 带有高反应活性的酰溴基团,能够与多巴胺聚集体中的氨基、亚氨基和酚羟基发生亲核取代反应[226],从而将引发剂接枝到介孔炭表面,制备得到 ATRP 引发剂接枝的介孔炭 CMK-3-Br 和 CTNC-Br。

由图 5.5(a)和图 5.6(a)中的热重曲线可知,CMK-3-Br 和 CTNC-Br 的表面分别接枝了质量分数为 9.5% 和 4.0% 的含溴引发剂。与 CTNC-Br 相比,CMK-3-Br 表面明显接枝了更多的引发剂,这主要归因于 CMK-3 更大的比表面积。引发剂接枝前后,介孔炭孔体积和平均孔尺寸的变化很小,但比表面积均有一定的增加。比表面积的增加很可能是因为少量多巴胺聚集体的剥离。根据之前的报道[227],由于多巴胺聚集体是由多巴胺低聚物

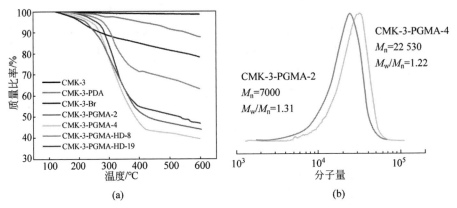

图5.5　CMK-3 系列材料的 TGA 结果（见文前彩图）

（a）CMK-3 系列材料的热失重曲线；（b）游离聚合物的分子量分布

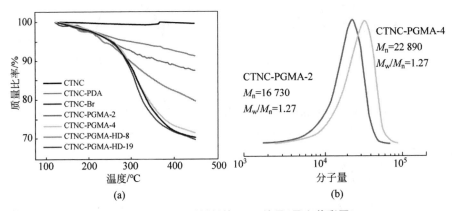

图5.6　CTNC 系列材料的 TGA 结果（见文前彩图）

（a）CTNC 系列材料的热失重曲线；（b）游离聚合物的分子量分布

和多巴胺分子聚集形成的,在有机溶剂长时间浸泡下,部分多巴胺低聚物和多巴胺分子会从聚集体上剥离下来;此外,由于接枝引发剂的过程中产生了氢溴酸,使得反应溶液逐渐呈弱酸性,而酸环境也会破坏少量多巴胺聚集体的结构。

由图 5.3(a)和图 5.4(a)中 CMK-3-Br 和 CTNC-Br 的氮气吸附-脱附等温线可知,引发剂的接枝对介孔炭的介孔性质几乎没有任何破坏。但由图 5.3(b)和图 5.4(b)可知,CMK-3-Br 的孔径分布曲线变成了双峰结构,而 CTNC-Br 的孔径分布曲线仍然是单峰结构。这种现象的发生可能是由两种介孔炭的不同结构性质导致。对 CMK-3 而言,长柱型的孔道结构不利于引发剂分子的扩散,从而导致有序介孔炭外表面和内表面上接枝的引发剂存在浓度梯度[219],有更多引发剂接枝的区域具有更小的孔尺寸。相比来说,孔道连通性更好的 CTNC 则不会导致引发剂分子的扩散限制,从而得到更均匀的引发剂分布。CMK-3-Br 表面的引发剂浓度梯度也可以通过对比 CMK-3-Br 和 CTNC-Br 的比表面积和引发剂接枝量来进一步分析。由表 5.2 可知,CMK-3-PDA 的比表面积是 CTNC-PDA 的 4 倍,但 CMK-3-Br 的引发剂接枝量仅是 CTNC-Br 的 2.5 倍左右,表明 CMK-3 的特殊结构导致了引发剂的不均匀分布。

5.3.4　PGMA 接枝型介孔炭的可控制备

5.3.4.1　加入自由引发剂

为更好地监测聚合物的生长过程,反应体系中加入了自由引发剂。自由引发剂的加入使溶液中产生游离的聚合物。根据游离聚合物的分子量变化,可以进一步推测出介孔炭表面的聚合物生长过程[228]。由表 5.1 可知,经过 2 h 的聚合,CMK-3-Br 和 CTNC-Br 的表面分别接枝了质量分数为 34.5% 和 17.2% 的聚合物,表明 ATRP 引发剂接枝的介孔炭成功引发了 GMA 的聚合,并且,PGMA 链的生长速率很快。将聚合时间延长到 4 h 时,CMK-3-PGMA-4 的聚合物接枝量仅比 CMK-3-PGMA-2 的多 4.6%,而 CTNC-PGMA-4 的聚合物接枝量与 CTNC-PGMA-2 几乎相同。根据溶液中游离聚合物的分子量分布(图 5.5(b)和图 5.6(b)),经过 2 h 的聚合,游离聚合物的分子量即达到 16 000~17 000。聚合 4 h 时,游离聚合物的分子量仅增加到 22 000 左右。以上情况说明,在目前的实验条件下,GMA 的聚合速率非常快,导致介孔炭表面的 PGMA 接枝量增加迅速。

另一方面,随着聚合时间的延长,CMK-3-Br 能够引发更多的 GMA 聚合,而 CTNC 无法接枝更多的 PGMA。这种情况说明 CMK-3 的凸状表面使得聚合物主要是朝外生长[229],受到空间限制的影响较小,而 CTNC 立方双连续的结构导致聚合物主要朝内生长。随着聚合的进行,聚合物受到空间限制的影响逐渐明显。当聚合物完全堵塞介孔通道时,聚合反应便不能继续进行。根据 CMK-3-Br 和 CTNC-Br 的孔体积(假设 PGMA 的密度为 1 g/cm^3),可以计算得到 CMK-3-Br 和 CTNC-Br 的聚合物理论最大接枝量分别为 49.0% 和 29.6%。由于聚合物链一般处于舒展状态,实际的最大接枝量要小于理论最大接枝量。根据 CTNC-PGMA-2 的聚合物接枝量

（17.2%），由于 CTNC 的空间限制，聚合物实际最大接枝量仅为理论最大接枝量的 58% 左右。对于 CMK-3，聚合物的实际最大接枝量大概为理论最大接枝量的 80% 甚至更高，进一步说明 PGMA 主要沿着 CMK-3 的表面朝外生长。

溶液中游离 PGMA 的分子量分布较窄（$M_w/W_n < 1.31$），说明溶液中 GMA 的聚合过程得到了较好的控制。之前的研究表明，凸状表面引发的聚合物生长过程与游离聚合物的生长过程比较相近[219]。但针对 CMK-3 这样具有特殊结构性质的材料，由于长柱型且较小的通道，很可能导致单体和催化剂的扩散受到限制，从而得到分子量相对更低的聚合物。虽然 CTNC 具有连通性更好且尺寸更大的孔通道，但由于空间限制和凹状表面的影响，使得接枝的聚合物同样会有相对更低的分子量[230]。

5.3.4.2　高度稀释策略

由上述分析可以推知，当 CMK-3-Br 和 CTNC-Br 的聚合物接枝量分别达到 39.1% 和 17.2% 左右时，介孔炭的结构性质均会受到严重的影响，介孔通道可能完全堵塞。为了制备结构性质保持良好、聚合物接枝量可调的 PGMA 接枝型介孔炭，需要对聚合过程进行更精细的控制。然而，由于之前的实验条件导致了过快的聚合速率，使得聚合物接枝量的调控难度较大。并且，过快的聚合速率很容易导致死链比例的增加，使得整个聚合过程变得更加不可控。因此，需要找到一个合适的途径，降低聚合速率，减少死链的产生，从而更好地控制聚合过程和最终的聚合物接枝量。对 ICAR ATRP 而言，需要额外加入自由基引发剂 AIBN 实现催化剂的再生。然而，过高的 AIBN 浓度不仅会使聚合反应速率非常快，而且会导致死链比例的显著增加。因此，控制 AIBN 的浓度非常重要。针对 ICAR ATRP 的这个特点，本章提出了高度稀释策略。从表 5.1 中的实验条件可知，通过大幅度增加苯甲醚的用量，可实现 AIBN 浓度和单体浓度的显著降低，从而达到控制聚合速率和死链比例的目的。一旦聚合过程得到更好的控制，便可以对聚合物接枝量进行调控，从而制备结构性质保持良好的 PGMA 接枝型介孔炭。

对于 CMK-3-Br 表面的聚合物接枝，苯甲醚和单体的体积比提高为 12∶1。表 5.1 中的数据表明，当聚合时间达到 8 h 时，聚合物的接枝量仅为 15.3%，表明 GMA 的聚合速率显著降低。将聚合时间延长到 19 h，大约 31.4% 的 PGMA 接枝到了介孔炭表面。显然，聚合物接枝量的增加倍数与聚合时间的延长倍数几乎相同,说明 GMA 在 CMK-3 表面的聚合过程得到了非常好的控制。由图 5.3(a)可知,当聚合物接枝量达到 31.4%(聚合时间为 19 h)时,CMK-3 的结构性质受到了明显的影响。CMK-3-PGMA-HD-19 的氮气吸附-脱附等温线不再具有介孔材料的特征,且其比表面积仅为 4.4 m^2/g,孔体积几乎为 0,说明聚合物完全占据了 CMK-3 的孔道。然而,当把聚合时间控制在 8 h 时,CMK-3-PGMA-HD-8 仍然表现出了明显的介孔结构(图 5.3(a)),且比表面积(279 m^2/g)和孔体积(0.35 cm^3/g)较大,说明介孔炭的结构性质得到了较好的保留。此外,由表 5.2 可知,尽管比表面积和孔体积显著下降,CMK-3-PGMA-HD-8 仍然维持了较大的平均孔尺寸,且孔尺寸分布是单峰结构。上述现象可能是由接枝引剂的浓度梯度导致。由于部分区域具有较大的引发剂接枝密度,使得聚合物的生长和积累更快,从而导致更快的孔道填充,而引发剂接枝密度较小的区域仍然保留了较大的孔尺寸。

　　与 CMK-3-Br 表面的聚合物接枝类似,高度稀释策略也用于 CTNC-Br 的聚合物接枝。将苯甲醚和 GMA 的体积比增加到 6∶1。由表 5.1 可知,当聚合时间达到 48 h 时,聚合物接枝量大约为 17.7%,与 CTNC 的实际最大聚合物接枝量相当,说明 CTNC 的介孔通道已经完全堵塞,如图 5.4(a)和表 5.2 所示。然而,将聚合时间缩短到 24 h 时,聚合物的接枝量为 7.7%,且 CTNC-PGMA-HD-24 的介孔结构保持很好(图 5.4(a)),比表面积(96 m^2/g)和孔体积(0.25 cm^3/g)也得到了较好的保留。然而,与 CMK-3-Br 不同的是,CTNC-Br 具有更均匀的引发剂分布。因此,PGMA 能够从 CTNC-Br 的整个表面均匀地生长,最终形成均匀的 PGMA 涂层。如图 5.4(b)所示,与 CTNC-Br 相比,CTNC-PGMA-HD-24 的孔径分布曲线向更低的孔尺寸平行地移动,说明生成的聚合物涂层非常均一。由表 5.2 可知,CTNC-PGMA-HD-24 表面生长的 PGMA 涂层的平均厚度为 1.1 nm 左右。因此,可以进一步证实,具有立方双连续结构和较大孔尺寸的 CTNC 不会导致扩散限制,孔道良好的连通性能够使引发剂均匀地接枝和聚合物均匀地生长。

　　由以上分析可知,采用高度稀释策略时,通过控制聚合时间,可以方便地调控聚合物的接枝量,并得到结构性质保持良好的介孔炭/聚合物复合材料。图 5.7 为描述聚合物在 CMK-3 和 CTNC 表面生长过程的示意图。由图可知,CMK-3 孔道内表面的聚合物接枝密度更低,且聚合物链段可能更短,而其外表面具有更高的接枝密度和更长的聚合物链段。相比而言,聚合

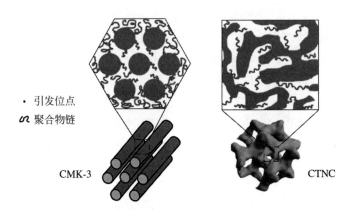

图 5.7　PGMA 在 CMK-3 和 CTNC 表面的生长模型（见文前彩图）

物在 CTNC 的孔道表面可以均匀地生长，但空间的限制使其具有较低的最大接枝量。

5.4　小　　结

本章成功建立了多巴胺化学耦合 ICAR ATRP 改性介孔炭的方法，实现了结构性质保持良好、聚合物接枝量可调的 PGMA 接枝型介孔炭的可控制备。本章以两种不同结构性质的介孔炭（CMK-3 和 CTNC）为研究对象，成功实现多巴胺聚集体的沉积，并以多巴胺聚集体涂层为反应平台，成功接枝 ATRP 引发剂。随后，采用 ICAR ATRP 技术，引发了 GMA 在介孔炭表面的聚合，并系统研究了 PGMA 在两种不同结构性质的介孔炭表面的生长过程。

本章主要结论如下：

（1）多巴胺聚集体可以高效地沉积到不同结构性质的介孔炭表面，并形成均匀的涂层。多巴胺聚集体的沉积导致了比表面积和孔体积的下降，且多巴胺聚集体更倾向于占据微孔，但两种介孔炭的结构性质均能得到较好的保持。根据平均孔径大小，CMK-3 和 CTNC 的孔道表面分别沉积了平均厚度为 0.25 nm 和 1 nm 左右的多巴胺聚集体涂层。

（2）由于多巴胺聚集体中高密度的含氮和含氧功能基团，多巴胺聚集体涂层可以作为高效的二级反应平台，实现有机分子的化学接枝。通过亲核取代反应，ATRP 引发剂 BiBB 成功地接枝到介孔炭表面，从而得到 ATRP 引发剂接枝的介孔炭 CMK-3-Br 和 CTNC-Br。二者的引发剂接枝密度分别为 9.5％和 4.0％。由于 CMK-3 长柱型孔道导致了引发剂的扩散限制,使得 CMK-3-Br 上接枝的引发剂在其外表面和内表面之间存在浓度梯度,而 CTNC 的孔道连通性更好,从而得到了引发剂均匀接枝的介孔炭。

(3) 多巴胺化学耦合 ICAR ATRP 方法成功实现了 GMA 在介孔炭表面的引发聚合。以 CMK-3-Br 和 CTNC-Br 为基体材料,采用 ICAR ATRP 技术,实现了 PGMA 接枝型介孔炭的制备。在 GMA 单体和 AIBN 浓度较高的条件下,GMA 聚合速率很快,PGMA 会在较短时间内堵塞 CMK-3-Br 和 CTNC-Br 的介孔通道。CMK-3 的凸状表面使得聚合物主要朝外生长,即使孔道完全堵塞仍然能够使聚合物继续生长。然而,CTNC 的立方双连续结构导致聚合物主要朝内生长,当聚合物完全堵塞介孔通道时,聚合反应不能继续进行。

(4) 采用高度稀释策略,成功实现了结构性质保持良好、聚合物接枝量可调的 PGMA 接枝型介孔炭的可控制备。本章采用高度稀释策略,显著降低聚合速率和减少死链比例,从而对聚合过程和聚合物接枝量实现更好的控制。显著降低的单体和 AIBN 浓度使聚合速率大幅度下降,通过改变聚合时间,得到了不同接枝量的 PGMA 接枝型介孔炭。由于 CMK-3-Br 表面接枝的引发剂存在浓度梯度,导致不同区域的聚合物积累速度有差别,且扩散限制的影响可能也导致了不同区域的聚合物链长的差别。比较而言,更均匀的引发剂分布和更好的孔道连通性使得聚合物在 CTNC-Br 的整个表面均一地生长,并生成了均匀的 PGMA 涂层。

(5) PGMA 接枝型介孔炭具有较高的聚合物接枝量,且 PGMA 带有高反应活性的环氧基团,为介孔炭的进一步共价修饰提供了更多可能。

第6章　聚合物接枝型介孔炭的乙二胺共价修饰及对铀的吸附性能

6.1　引　言

由第5章可知,采用多巴胺化学耦合引发剂连续再生催化剂型原子转移自由基聚合(ICAR ATRP)改性介孔炭的方法,可以成功制备结构性质保持良好、聚合物接枝量可调的聚甲基丙烯酸缩水甘油酯(PGMA)接枝型介孔炭。由于富含高反应活性的环氧基团,PGMA 接枝型介孔炭可以方便地进行共价修饰。此外,研究表明[231],酰胺、中性磷、有机磷酸和羧酸等含O配体及乙二胺、偕氨肟、氨基酸和壳聚糖等含 N 配体均对 U(Ⅵ)具有较强的配位能力和较好的选择性,并且已经广泛用于制备介孔硅基和树脂基等复合材料。上述复合材料对铀具有非常优异的吸附性能。然而,由于介孔炭的表面惰性,实现上述基团在介孔炭表面的高效共价修饰存在较大困难。因此,PGMA 接枝型介孔炭为上述配体的共价接枝提供了高效的反应平台,可以方便地实现 U(Ⅵ)良好配体的高密度共价修饰。

与 PGMA 接枝型 CTNC 相比,PGMA 接枝型 CMK-3 具有更大的比表面积和更高的 PGMA 接枝量。因此,本章将以 PGMA 接枝型 CMK-3为主要研究对象,实施 U(Ⅵ)良好配体的共价修饰。乙二胺是带有两个伯氨基的有机分子,对 U(Ⅵ)具有非常强的配位能力[232]。并且,伯胺非常容易使环氧基团发生开环反应,从而实现乙二胺的高效共价修饰。因此,本章选择乙二胺对 PGMA 接枝型 CMK-3 进行共价修饰。图 6.1 是乙二胺共价修饰的 PGMA 接枝型 CMK-3 的制备示意图。

本章首先对 PGMA 接枝型 CMK-3 进行了放大制备。利用热重分析(TGA)、红外光谱(FT-IR)和 X 射线光电子能谱(XPS)等手段分析了PGMA 接枝型 CMK-3 的制备过程及乙二胺共价修饰前后的元素组成和功能基团分布。同时,系统研究了乙二胺共价修饰的 PGMA 接枝型 CMK-3对铀的吸附性能,包括 pH 的影响、吸附动力学、吸附等温线、吸附选择性和

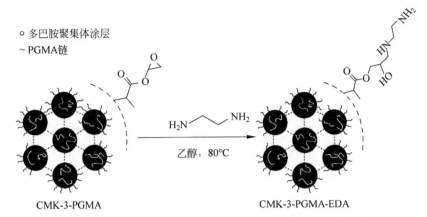

○ 多巴胺聚集体涂层
~ PGMA链

CMK-3-PGMA　　　　　　　　　　　　　CMK-3-PGMA-EDA

图 6.1　乙二胺化学修饰型 CMK-3-PGMA 的制备示意图（见文前彩图）

脱附性能等。

6.2　实　验　部　分

6.2.1　实验试剂

本实验所需的主要化学试剂如下：有序介孔炭（CMK-3）：南京吉仓纳米技术有限公司，比表面积为 1156 m^2/g，孔体积为 1.62 cm^3/g，平均孔尺寸为 5.6 nm；甲基丙烯酸缩水甘油酯（Glycidyl Methacrylate，GMA）：北京百灵威科技有限公司，纯度为 99%；偶氮二异丁腈（a,a'-azoisobutyronitrile，AIBN）：北京百灵威科技有限公司，纯度为 98%；溴化铜（$CuBr_2$）：北京百灵威科技有限公司，纯度大于 99%；苯甲醚：北京百灵威科技有限公司，纯度为 99%；三（2-吡啶甲基）胺（Tris（2-pyridylmethyl）amine，TPMA）：据文献合成[184]；乙二胺（Ethylene diamine，EDA）：上海阿拉丁生化科技股份有限公司，纯度大于 99%；四氢呋喃（Tetrahydrofuran，THF）：北京百灵威科技有限公司，纯度为 99.8%。

6.2.2　材料制备

（1）PGMA 接枝型 CMK-3 的制备

取一定量 CMK-3-Br（与第 5 章相同的 ATRP 引发剂接枝的 CMK-3）加入希莱克瓶中，依次加入苯甲醚、GMA 和 AIBN。随后，将希莱克瓶密封，在搅拌条件下，通入氮气。20 min 后，在氮气保护下，用微量进样器取

一定体积的 CuBr₂ 和 TPMA 混合溶液加入反应体系。原料摩尔比为
[GMA]∶[CMK-3-Br]∶[AIBN]∶[CuBr₂]∶[TPMA]＝100∶1∶0.1∶
0.02∶0.06。其中，CMK-3-Br 表面溴含量根据热重曲线计算得到，CuBr₂
和 TPMA 混合溶液由 10 mg CuBr₂ 和 54 mg TPMA 溶解在 10 mL DMF
中配制而成。将体系温度升至 60℃，并保持 4 h。最终产物用四氢呋喃反
复洗涤 3 次，并放置于 40℃真空烘箱内干燥 12 h。产物命名为 CMK-3-
PGMA。

（2）乙二胺共价修饰

将 80 mg CMK-3-PGMA 和 16 mL 无水乙醇加入到 50 mL 烧瓶中，超
声处理 10 min。随后，在氮气保护和搅拌条件下，缓慢加入 4 mL 乙二胺。
结束后，封闭反应体系并保持氮气保护和冷却回流，在 80℃条件下，反应 5 h。
最终产物用乙醇和水反复洗涤，并放置于 40℃真空烘箱内干燥 24 h。乙二
胺共价修饰的 CMK-3-PGMA 命名为 CMK-3-PGMA-EDA。

6.2.3　仪器与表征方法

TGA 在 TA instruments Q600 上进行，用于 CMK-3 系列材料表面官
能团组成的定量分析。在氮气气氛下，将样品从室温升至 600℃，升温速率
为 10℃/min。

FT-IR 在 Nicolet Nexus 470 傅里叶变换红外光谱仪上进行，用于
CMK-3-PGMA 和 CMK-3-PGMA-EDA 表面官能团组成的定性分析，以溴
化钾为背底，波数范围为 4000～400 cm⁻¹。

XPS 在 PHI Quantera SXM 光谱仪上进行，用于 CMK-3 系列材料的
表面元素组成和功能基团分布的表征。单色 Al Kα 为 X 射线源，分析模型
为 CAE。

6.2.4　吸附实验

采用硝酸铀酰配制 200 g/L U(Ⅵ)溶液(pH＝2)。根据吸附实验需要
的铀初始浓度，将上述 U(Ⅵ)溶液稀释到特定浓度，并使用 0.01 mol/L 高
氯酸钠控制溶液离子强度。在研究 pH 影响的实验中，将高浓度铀溶液稀
释到 100 mg/L，使用硝酸溶液和氢氧化钠溶液调节 U(Ⅵ)溶液的 pH。本
章研究了 CMK-3-PGMA-EDA 在 pH 为 3,4 和 5 条件下对铀的吸附性能，
吸附时间为 66 h，固液比为 0.25 g/L。根据 pH 影响的研究结果，选取 pH
为 5、初始浓度为 50 mg/L 的铀溶液研究吸附时间对材料吸附铀性能的影

响,测定吸附时间为 30 min,60 min,120 min,480 min 和 1500 min 时溶液中的铀浓度,固液比为 0.16 g/L。随后,利用初始铀浓度分别为 10 mg/L,20 mg/L,50 mg/L,100 mg/L 和 200 mg/L 的溶液研究 CMK-3-PGMA-EDA 对铀的吸附容量,pH 为 5,吸附时间为 66 h,固液比为 0.25 g/L。吸附实验均在 28℃下进行。吸附结束后,采用 0.45 mm 的微孔滤膜进行固液分离,剩余溶液中的铀浓度采用 721 型分光光度计测量(波长为 650 nm)。计算吸附量 Q(mg/g)和分配比 K_d(L/g)的方程如下:

$$Q = \frac{C_0 - C_t}{m} \times V \tag{6-1}$$

$$K_d = \frac{C_0 - C_t}{C_t} \times \frac{V}{m} \tag{6-2}$$

其中,C_0(mg/L)和 C_t(mg/L)分别代表初始和吸附时间为 t 时溶液中的铀浓度,V(L)代表铀溶液的体积,m(g)代表吸附剂质量。

采用 pH 为 5、多种金属离子共存的溶液研究 CMK-3-PGMA-EDA 对铀的吸附选择性。溶液中金属离子的组成情况见表 6.1。吸附时间为 72 h,固液比为 0.25 g/L,温度为 28℃。采用 ICP-AES 测定各金属离子的浓度。选择性系数 S 是评价材料对金属离子吸附选择性的重要参数,它是不同金属离子的分配比的比值。相对于金属离子 R(n),材料对 U(Ⅵ)的选择性系数可以表示成

$$S_{U(Ⅵ)/R(n)} = \frac{K_{d,U(Ⅵ)}}{K_{d,R(n)}} \tag{6-3}$$

其中,$K_{d,U(Ⅵ)}$ 和 $K_{d,R(n)}$ 分别代表 U(Ⅵ)和金属离子 R(n)的分配比,n 代表金属离子 R 的价态。

表 6.1　水溶液中金属离子组成

共存离子	金 属 盐	浓度/(mg/L)
K(Ⅰ)	氯化钾	307.5
Co(Ⅱ)	六水氯化钴	122.7
Ni(Ⅱ)	六水硝酸镍	128.2
Zn(Ⅱ)	氯化锌	125.3
Sr(Ⅱ)	六水氯化锶	209.5
La(Ⅲ)	水合氯化镧	250.5
Cr(Ⅲ)	六水氯化铬	97.4
U(Ⅵ)	硝酸铀酰	412.8

利用 0.1 mol/L 硝酸进行脱附测试。5mg CMK-3-PGMA-EDA 与 10 mL 200 mg/L 铀溶液混合（固液比为 0.5 g/L,pH＝5）,吸附时间为 66 h。吸附结束后,采用离心分离法将 CMK-3-PGMA-EDA 与溶液分离,并将分离出的 CMK-3-PGMA-EDA 与 10 mL 0.1 mol/L 硝酸混合,搅拌 66 h。随后,再次采用离心分离法将 CMK-3-PGMA-EDA 与溶液分离。采用 721 型分光光度计测量吸附后和脱附后溶液的铀浓度,计算脱附率（D）的方程如下：

$$D = \frac{C_d}{C_0 - C_t} \times \frac{V_d}{V} \times 100\%　\qquad (6\text{-}4)$$

其中,C_d（mg/L）代表脱附后溶液的铀浓度,V_d（L）代表脱附剂的体积。

6.3　结果与讨论

6.3.1　材料的元素组成和功能基团分布

由 CMK-3 系列材料的热重曲线（图 6.2）可知,PGMA 成功接枝到了有序介孔炭的表面。在 100～600℃范围内,CMK-3-PGMA 的质量损失为 32.5%,比 CMK-3-Br 的质量损失多 10.7%,表明 PGMA 的接枝量大约为 10.7%。由第 5 章可知,当 PGMA 的接枝量为 15.3% 时,CMK-3-PGMA 仍然具有明显的介孔结构,且比表面积和孔体积较大。因此,本章合成的 CMK-3-PGMA 仍然会保持原始有序介孔炭的结构优势,且由于 10.7% 的 PGMA 接枝,可以进一步用于乙二胺共价修饰的研究。

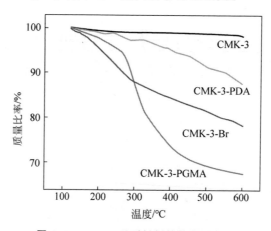

图 6.2　CMK-3 系列材料的热失重曲线

图 6.3 是 CMK-3-PGMA 和 CMK-3-PGMA-EDA 的红外光谱图。由 CMK-3-PGMA 的红外光谱可知,CMK-3-PGMA 具有明显的酯基特征峰（1726 cm^{-1}）和较弱的环氧基团特征峰（909 cm^{-1}）,表明 PGMA 的成功接枝。一般来说,由于有序介孔炭较强的吸光作用,表面接枝的化学物质的特征峰均不明显。乙二胺共价修饰后,环氧基团特征峰几乎完全消失,表明环氧基团在乙二胺的存在下发生了开环反应。乙二胺与环氧基团之间可以发生亲核取代反应,使环氧基团开环产生—OH。同时,乙二胺的共价修饰可以使介孔炭表面接枝大量的—NH—和—NH$_2$。CMK-3-PGMA-EDA 红外谱图中 1575 cm^{-1} 处的特征峰可归属于—NH—的弯曲振动,说明 CMK-3-PGMA 成功修饰了乙二胺。

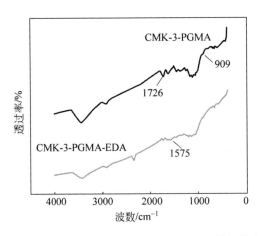

图 6.3　CMK-3-PGMA 和 CMK-3-PGMA-EDA 的红外光谱图

利用 XPS 表征 CMK-3 系列材料的元素组成和功能基团分布。由表 6.2 可知,CMK-3-Br 表面含有 3.5% 左右的 Br 元素,表明 CMK-3-PDA 表面的多巴胺聚集体涂层能够作为高效的反应平台,实现 BiBB 的成功接枝。大量 Br 元素的存在表明 CMK-3-Br 有足够多的引发位点来引发 GMA 的聚合。CMK-3-PGMA 表面 O 元素的显著增加说明有大量 PGMA 接枝到 CMK-3-Br 的表面,进一步证实 PGMA 接枝型 CMK-3 的成功制备。乙二胺共价修饰前后,氮元素的含量由 2.2% 增加到 7.4%,表明乙二胺共价修饰到了 CMK-3-PGMA 的表面。

表 6.2　CMK-3 系列材料的元素组成　　　　　　　　　　%

样　　品	XPS(质量分数)			
	C	N	O	Br
CMK-3	96.8	0.3	2.9	0
CMK-3-PDA	87.8	2.7	9.5	0
CMK-3-Br	84.7	2.1	9.6	3.5
CMK-3-PGMA	76.9	2.2	19.3	1.6
CMK-3-PGMA-EDA	80.2	7.4	12.3	0.1

为进一步探究功能基团的分布,首先对 CMK-3 系列材料的 C1s 高分辨能谱进行了分峰拟合。由多巴胺聚集体沉积型 CMK-3(CMK-3-PDA)的 C1s 能谱可知(图 6.4(a)),CMK-3-PDA 中的含 C 物种主要包括 C=C、C-C

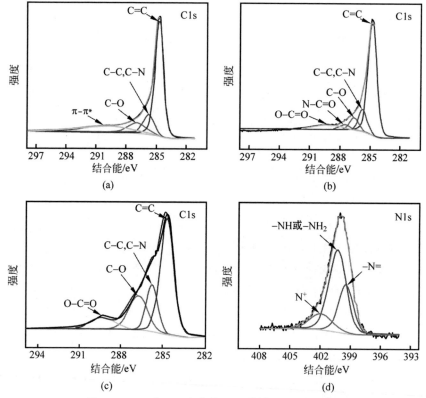

图 6.4　C1s 或 N1s 高分辨 XPS 能谱(见文前彩图)

(a) CMK-3-PDA 的 C1s 能谱;(b) CMK-3-Br 的 C1s 能谱;(c) CMK-3-PGMA 的 C1s 能谱;(d) CMK-3-PGMA-EDA 的 N1s 能谱

或 C-N、C-O 和 π-π* 转换型 C 物种,其结合能位置分别为 284.7 eV,285.8 eV,
286.9 eV 和 289.8 eV,见表 6.3。ATRP 引发剂溴代异丁酰溴(BiBB)的接
枝使得 CMK-3-Br 的 C1s 能谱可以分成 5 个不同的峰(图 6.4(b))。新产
生的 287.5 eV 结合能处的峰可归属于酰胺基团(N-C=O),289.4 eV 结合
能处的峰可归属于酯基(O-C=O),说明 BiBB 中的酰溴基可能与多巴胺聚
集体中的氨基和酚羟基均发生了亲核取代反应,从而实现了含溴引发剂的
成功接枝。CMK-3-PGMA 的 C1s 能谱中(图 6.4(c)),代表 C-O 峰的峰面
积占比为 21.5%,比 CMK-3-Br 中的 C-O 峰面积占比高 13.3%,主要原因
是接枝到介孔炭表面的 PGMA 中 C-O 键的占比很大。此外,代表 O-C=O
的峰的峰面积占比也有所增加,进一步证明 PGMA 的成功接枝。

表 6.3　**CMK-3-PDA、CMK-3-Br 和 CMK-3-PGMA 的 C1s 高分辨 XPS 能谱相关参数**

峰参数	C 物种	样　品		
		CMK-3-PDA	CMK-3-Br	CMK-3-PGMA
峰位置/ eV	C=C	284.7	284.8	284.7
	C-C,C-N	285.8	285.7	285.7
	C-O	286.9	286.6	286.7
	N-C=O	0	287.5	0
	O-C=O	0	289.4	289.2
	π-π*	289.8	0	0
峰面积 比例/%	C=C	62.8	68.4	51.4
	C-C,C-N	13.0	13.1	18.2
	C-O	10.4	8.2	21.5
	N-C=O	0.0	4.2	0
	O-C=O	0.0	6.2	8.9
	π-π*	13.7	0	0

为进一步分析 CMK-3-PGMA-EDA 中含氮功能基团的种类分布,对
CMK-3-PGMA-EDA 的 N1s 能谱进行了分峰拟合。由图 6.4(d)可知,
CMK-3-PGMA-EDA 的 N1s 高分辨能谱主要可分成 3 个峰,分别代表—N=、
—NH—或—NH$_2$ 和质子化的 N,结合能分别为 399.4 eV,400.3 eV 和
401.9 eV。根据 3 个不同峰的面积比可知,—NH—或—NH$_2$ 在所有含氮
功能基团中的比例为 56.9%,表明超过 1/2 的含氮功能基团为—NH—
或—NH$_2$。因此,乙二胺共价修饰的 PGMA 接枝型 CMK-3 的表面含有大
量—NH—、—NH$_2$ 和环氧基团开环后产生的—OH,这些基团的存在对提

升材料的亲水性和铀吸附能力具有重要作用。

6.3.2 pH 对材料吸附铀性能的影响

如图 6.5 所示,在不同的 pH 条件下,CMK-3-PGMA-EDA 对 U(Ⅵ)的吸附能力具有非常明显的差别。当 pH 较低时,CMK-3-PGMA-EDA 表面—NH—,—NH$_2$ 和—OH 的质子化及质子的竞争作用导致材料对 U(Ⅵ)的吸附能力较弱。随着 pH 的增加,材料对 U(Ⅵ)的吸附能力呈增加趋势,说明质子浓度的降低减弱了—NH—,—NH$_2$ 和—OH 的质子化。另一方面,质子的竞争作用更不明显,从而使材料表面基团更容易与 U(Ⅵ)发生配位作用。当 pH 达到 5 时,CMK-3-PGMA-EDA 对 U(Ⅵ)表现出了非常强的吸附能力,吸附量达到 284.5 mg/g,表明大量含氮和含氧基团的存在大大提升了材料对铀的吸附能力。

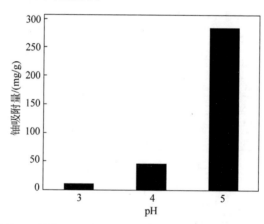

图 6.5　pH 对材料吸附性能的影响($C_0 = 100$ mg/L,$m/V = 0.25$ g/L,$\theta = 28$℃,$t = 66$ h)

进一步分析可知,U(Ⅵ)与 CMK-3-PGMA-EDA 表面—NH—,—NH$_2$ 和—OH 等功能基团可能具有比较复杂的配位机理。由于 CMK-3-PGMA-EDA 表面的—NH—,—NH$_2$ 和—OH 的分布与壳聚糖的氨基和羟基分布情况类似,根据 Piron 等[48-49]对壳聚糖与 UO$_2^{2+}$ 配位机理的推测(图 1.1),UO$_2^{2+}$ 与 CMK-3-PGMA-EDA 表面基团有可能形成如图 6.6(a)所示的配位结构。然而,Donia 等[51,233]研究了四乙基五胺接枝的 PGMA 螯合树脂与 UO$_2^{2+}$ 的配位机理,他们认为 UO$_2^{2+}$ 会与—NH—和(或)—NH$_2$ 形成八面、五角双锥体和六角双锥体等更复杂的配位结构[234-235]。因此,UO$_2^{2+}$ 与 CMK-3-PGMA-EDA 表面基团也可能具有更复杂的配位结构,如图 6.6(b)

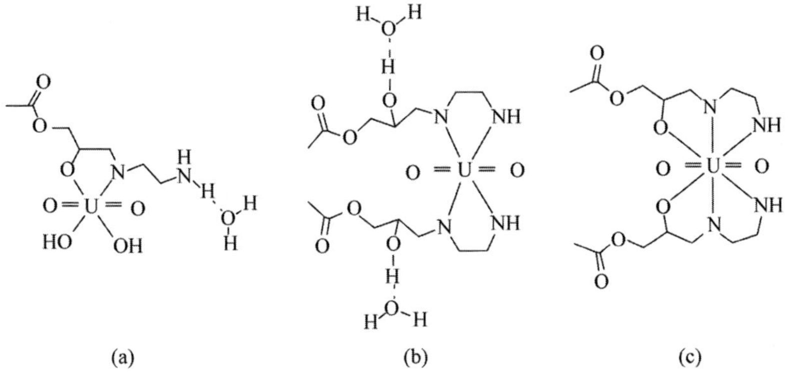

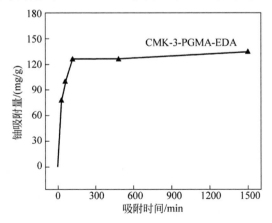

图 6.6　UO_2^{2+} 与 CMK-3-PGMA-EDA 表面基团可能的配位结构

和(c)所示。但目前而言,尚无法确定 UO_2^{2+} 与 CMK-3-PGMA-EDA 表面基团的配位情况,需要借助更多先进的表征手段进行配位分析。此外,由分析可知,—NH_2 和—OH 均能够与水分子形成氢键(图 6.6(a)和(b)),从而改善材料的亲水性质。

6.3.3　材料对铀的吸附动力学

由图 6.7 的吸附时间的影响曲线可知,CMK-3-PGMA-EDA 对铀的吸附速度较快。当吸附时间在 0~120 min 范围内时,材料对铀的吸附量迅速增加。当吸附时间达到 120 min 时,吸附基本达到平衡,说明 U(Ⅵ)可以在

图 6.7　吸附时间对 CMK-3-PGMA-EDA 吸附性能的影响
$(pH=5, C_0=50\ mg/L, m/V=0.16\ g/L, \theta=28℃)$

较短时间内与大部分的配位基团接触并发生络合作用,从而将 U(Ⅵ)吸附到材料的表面。当吸附时间为 1500 min 时,材料对铀的吸附量仅增加了 8 mg/g,表明 U(Ⅵ)可能进一步向介孔炭的内部扩散并与内表面的少量配位基团发生作用。由拟一级和拟二级动力学模型拟合可知(表 6.4),CMK-3-PGMA-EDA 对 U(Ⅵ)的吸附更接近拟二级动力学(R^2=0.999),表明 U(Ⅵ)主要通过与 CMK-3-PGMA-EDA 表面功能基团的化学络合作用实现吸附。拟二级动力学得到的平衡吸附量(136.4 mg/g)与实验得到的平衡吸附量(134.9 mg/g)基本相同。

表 6.4　CMK-3-PGMA-EDA 对铀的吸附动力学模型拟合参数

拟一级动力学			拟二级动力学		
k_1/(1/min)	Q_e/(mg/g)	R^2	k_2/[g/(mg·min)]	Q_e/(mg/g)	R^2
0.0034	33.6	0.245	0.000 25	136.4	0.999

6.3.4　材料对铀的吸附等温线

将不同初始浓度的铀溶液用于 CMK-3-PGMA-EDA 对铀的吸附容量研究。由图 6.8 可知,随着铀初始浓度的增加,CMK-3-PGMA-EDA 对铀的吸附能力显著增加。当铀初始浓度达到 200 mg/L 时,CMK-3-PGMA-EDA 对铀的吸附容量达到 394.3 mg/g。比较而言,CMK-3-PGMA-EDA 对铀的吸附容量是第 4 章制备的 CMK-3-PDA 的 3.5 倍左右,是 CMK-3 的

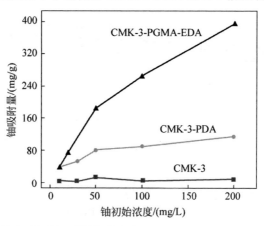

图 6.8　铀的初始浓度对材料吸附性能的影响(pH=5,m/V=0.25 g/L,θ=28℃,t=66 h)

29 倍左右。在类似的实验条件下，CMK-3-PGMA-EDA 对铀的吸附容量高于大部分介孔炭基吸附材料。因此，乙二胺共价修饰的 PGMA 接枝型 CMK-3 大幅提升了介孔炭基材料对铀的吸附能力，为有序介孔炭功能化及其对铀的吸附分离提供了新的思路。

采用 Langmuir 和 Freundlich 吸附等温线模型分析 CMK-3-PGMA-EDA 对铀的吸附行为。图 6.9(a)和(b)是分别根据 Langmuir 模型方程和 Freundlich 模型方程拟合得到的曲线，表 6.5 是拟合后得到的 Langmuir 模型和 Freundlich 模型的相关参数。由表 6.5 可知，Langmuir 模型拟合得到的曲线与实验数据的相关系数为 0.954，而 Freundlich 模型拟合得到的曲线与实验数据的相关系数仅为 0.824。因此，CMK-3-PGMA-EDA 对铀的吸附更可能是单层吸附过程，且理论最大吸附容量为 392.2 mg/g。

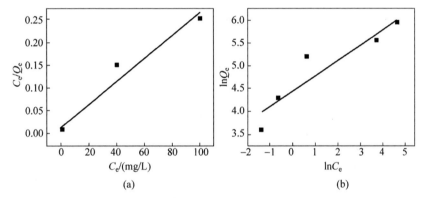

(a)　　　　　　　　　　　(b)

图 6.9　CMK-3-PGMA-EDA 对铀的吸附等温线模型

(a) Langmuir 模型；(b) Freundlich 模型

表 6.5　CMK-3-PGMA-EDA 对铀的吸附等温线模型拟合参数

Langmuir 模型			Freundlich 模型		
$K_L/(L/g)$	$Q_m/(mg/g)$	R^2	K_F	n	R^2
0.19	392.2	0.954	86.16	2.91	0.824

6.3.5　材料对铀的吸附选择性

采用表 6.1 中所列溶液研究 CMK-3-PGMA-EDA 对铀的吸附选择性。由图 6.10 可知，CMK-3-PGMA-EDA 表现出了非常好的铀吸附选择性。CMK-3-PGMA-EDA 对 U(Ⅵ)的吸附量为 112.9 mg/g，是对 Cr(Ⅲ)吸附量的 7.2 倍,而对其他金属离子的吸附能力很弱。此外,相对于 Cr(Ⅲ),CMK-3-PGMA-EDA 对 U(Ⅵ)的选择性系数达到 1.8,显著高于第 4 章得到的 CMK-3(0.6)和 CMK-3-PDA(1.5)对 U(Ⅵ)的选择性系数。由此可知,乙二胺共价修饰的 PGMA 接枝型 CMK-3 表面的大量—NH—,—NH₂ 和—OH 进一步提升了材料对铀的吸附选择性。

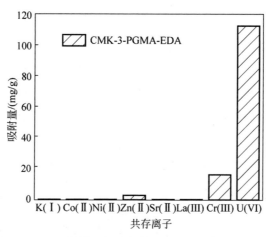

图 6.10　CMK-3-PGMA-EDA 对铀的吸附选择性(pH=5,m/V=0.5 g/L,θ=28℃,t=72 h)

6.3.6　材料的铀脱附测试

在酸性较强的条件下,由于质子的竞争作用,CMK-3-PGMA-EDA 对 U(Ⅵ)的吸附能力较弱。因此,0.1 mol/L 硝酸溶液可以用作脱附试剂,将吸附到材料表面的 U(Ⅵ)脱附到溶液中。结果表明,一次洗脱可将约 100%的 U(Ⅵ)从 CMK-3-PGMA-EDA 表面脱附下来,说明 0.1 mol/L 硝酸溶液具有非常好的脱附效果,是 CMK-3-PGMA-EDA 对铀的吸附体系的有效脱附试剂。

6.4　小　　结

本章证实 PGMA 接枝型 CMK-3 可以作为高效的反应平台,实现 U(Ⅵ)良好配体乙二胺的共价接枝。采用 TGA,FT-IR 和 XPS 等多种手段对 CMK-3-PGMA 和 CMK-3-PGMA-EDA 的元素组成和功能基团进行了表征,并系统研究了 CMK-3-PGMA-EDA 对铀的吸附性能。

本章的主要结论如下：

（1）采用 ICAR ATRP 成功制备了 CMK-3-PGMA，并采用 TGA，FT-IR 和 XPS 对接枝量、元素组成和功能基团分布进行了系统分析。TGA 证实了 CMK-3-PGMA 复合材料的成功制备，PGMA 的接枝量为 10.7%。CMK-3-PGMA 的红外光谱具有明显的酯基特征峰（1726 cm^{-1}）和较弱的环氧基团特征峰（909 cm^{-1}），同样表明 PGMA 的成功修饰。由 XPS 表征可知，CMK-3-Br 表面含有 3.5% 的含溴引发剂，为 GMA 的聚合提供了大量引发位点。对 CMK-3-Br 的 XPS 高分辨 C1s 能谱进行分峰拟合，证实 BiBB 通过与多巴胺聚集体中的含氮和含氧基团发生亲核取代反应而实现接枝。与 CMK-3-Br 相比，CMK-3-PGMA 表面含氧量的大幅度增加也说明 PGMA 的成功接枝。

（2）成功对 CMK-3-PGMA 进行了乙二胺共价修饰。乙二胺修饰后，FT-IR 谱图的环氧基团特征峰消失并出现了—NH—弯曲振动峰（1575 cm^{-1}），说明成功制备了乙二胺共价修饰的 CMK-3-PGMA。由 XPS 表征可知，CMK-3-PGMA-EDA 表面含氮量的显著增加也表明乙二胺的成功接枝。对 CMK-3-PGMA-EDA 的高分辨 N1s 能谱进行分峰拟合可知，CMK-3-PGMA-EDA 表面氮元素主要以—NH—或—NH$_2$ 形式存在。

（3）大量—NH—、—NH$_2$ 和环氧开环产生的—OH 等使 CMK-3-PGMA-EDA 对铀具有非常优异的吸附性能。研究表明，pH 较高时，CMK-3-PGMA-EDA 对铀具有非常强的吸附能力。当 pH=5 时，吸附能力最强，最大吸附容量为 394.3 mg/g，是 CMK-3-PDA 铀吸附容量的约 3.5 倍，是 CMK-3 铀吸附容量的约 29 倍，且强于目前报道的大部分介孔炭基材料。此外，吸附时间为 120 min 左右时，即可达到吸附平衡。

因此，本章建立了一种有效的介孔炭基铀复合吸附剂的制备方法，为更多功能化介孔炭材料的制备及其在铀吸附分离领域的应用提供了新的思路。

第7章 结论与展望

7.1 结 论

本书分别采用骨架氮掺杂、表面氧化、多巴胺聚集体沉积和聚甲基丙烯酸缩水甘油酯可控接枝等方法制备了多种功能化介孔炭,通过多种分析方法表征了不同类型功能化介孔炭的结构性质、元素组成和功能基团分布等,并系统研究了其对铀的吸附性能。本书的主要结论如下:

(1) 催化剂再生的 ATRP 技术可以成功实现具有特定链长和组成的 PAN-b-PBA 的可控合成。与普通 ATRP 技术相比,催化剂再生型 ATRP 技术大大降低了铜催化剂的使用量,且对无氧环境的要求更低,降低了合成操作难度。经过不同的热处理交联和碳化过程,可以制备多种具有不同结构性质和氮含量的氮掺杂炭。氮掺杂炭具有较强的铀吸附能力,且高比表面积或高氮含量有利于提升铀的吸附能力。

(2) 软模板法合成的 FDU-15 具有良好的酸稳定性,经过过硫酸铵的长时间处理,仍能保持微观形貌、结构规整性和高比表面积。此外,过硫酸铵是一种温和、高效的湿法氧化试剂,能够使 FDU-15 表面产生大量羧基、羟基和酯基等含氧功能基团。与 FDU-15 相比,表面氧化型 FDU-15 具有显著增强的铀吸附性能。

(3) 首次将生物分泌的多巴胺引入有序介孔炭的表面功能化领域,证实多巴胺化学是一种简便、温和、高效的有序介孔炭表面功能化方法。通过简单地调整多巴胺浓度和沉积时间等参数,可以调控多巴胺聚集体涂层在有序介孔炭表面的沉积,制备得到结构性质保持良好、功能基团接枝密度高且可调的多巴胺聚集体沉积型有序介孔炭。多巴胺聚集体沉积型有序介孔炭具有较大的铀吸附容量和较好的铀吸附选择性。

(4) 建立多巴胺化学耦合 ICAR ATRP 改性介孔炭的方法,实现了 PGMA 接枝型介孔炭的可控制备。多巴胺聚集体可以高效地沉积到不同结构性质的介孔炭表面,并形成均匀的涂层。由于多巴胺聚集体中高密度的含氮和含氧功能基团,多巴胺聚集体涂层可以作为高效的二级反应平台,实现 ATRP 引发剂的接枝。因此,成功制备了两种 ATRP 引发剂接枝的介孔炭 CMK-3-Br 和 CTNC-Br。以 CMK-3-Br 和 CTNC-Br 为基体材料,采用 ICAR ATRP 研究了 PGMA 在介孔炭表面的生长规律。高度稀释策略成功实现了结构性质保持良好、聚合物接枝量可调的 PGMA 接枝型介孔炭的可控制备。PGMA 接枝型介孔炭具有非常高的功能基团接枝量,且环氧基团具有较高的反应活性,从而为特定有机配体的共价修饰提供了更多可能。

(5) PGMA 接枝型介孔炭可以作为 U(Ⅵ) 良好配体共价修饰的高效平台。乙二胺通过与环氧基团的开环反应共价修饰到 PGMA 接枝型 CMK-3 表面。由于大量—NH—、—NH$_2$ 和环氧开环产生的—OH 等功能基团,乙二胺修饰的 PGMA 接枝型 CMK-3 具有非常强的铀吸附能力,最大吸附容量达到 394.3 mg/g,是 CMK-3-PDA 铀吸附容量的 3.5 倍左右,是 CMK-3 铀吸附容量的 29 倍左右,且强于目前报道的大部分介孔炭基吸附材料。此外,乙二胺修饰的 PGMA 接枝型 CMK-3 也对铀具有良好的吸附选择性。

比较而言,四种功能化介孔炭有各自的优点和需要改进的地方。其中,乙二胺共价修饰的 PGMA 接枝型 CMK-3 对铀具有最好的吸附性能(表 7.1),包括最快的吸附速度、最大的吸附容量和最好的吸附选择性等,但 PGMA 接枝型 CMK-3 的制备过程比较复杂。表面氧化型 FDU-15 的制备过程相对简单,且具有较快的吸附速度和较大的吸附容量。但氧化法涉及高温和腐蚀性试剂的使用,耗能高且环境不友好。相比而言,多巴胺聚集体沉积型介孔炭对铀的吸附能力强于表面氧化型 FDU-15,且其制备过程最简便、温和和高效,在铀吸附分离领域具有较大潜力。氮掺杂介孔炭的吸附能力强于 FDU-15 和 CMK-3,弱于其他表面功能化的介孔炭,且吸附选择性较差,但其具有一步法制备的优势,不需要额外的功能化步骤。

表 7.1　不同介孔炭基材料对铀的吸附能力比较

吸　附　剂	实验条件	吸附容量 /(mg/g)	平衡时间 /min	脱附率	选择性系数 $S_{U(Ⅵ)}/S_{Cr(Ⅲ)}$
CTNC	pH=5	17	180	—	0.1
FDU-15	pH=5	—	—	—	0.3
表面氧化型 FDU-15	pH=5	102	240	约 93%	1.0
CMK-3	pH=5	—	—	—	0.6
CMK-3-PDA	pH=5	117	720	约 93%	1.5
CMK-3-PGMA-EDA	pH=5	392	120	约 100%	1.8

综上所述,本书为功能化介孔炭的制备提供了更多新思路,并大幅提升了介孔炭基材料在铀吸附分离方面的性能。

7.2 创 新 性

(1)改进了嵌段共聚物 PAN-b-PBA 的合成方法,采用催化剂再生的 ATRP 技术实现 PAN-b-PBA 的合成,并得到了不同结构性质和氮含量的氮掺杂介孔炭。此外,研究了比表面积和氮含量对铀吸附性能的影响。

(2)首次将生物分泌的多巴胺引入有序介孔炭的表面功能化领域,制备了结构性质保持良好、功能基团接枝密度高且可调的多巴胺聚集体沉积型有序介孔炭,并系统研究了其对铀的吸附性能。

(3)建立多巴胺化学耦合 ICAR ATRP 改性介孔炭的方法,实现了 PGMA 接枝型介孔炭的可控制备。同时,利用 U(Ⅵ)的良好配体乙二胺对 PGMA 接枝型介孔炭进行共价修饰,并系统研究了其对铀的吸附性能。

7.3 展 望

本书分别采用骨架氮掺杂、表面氧化、多巴胺聚集体沉积和聚甲基丙烯酸缩水甘油酯可控接枝等方法制备了多种功能化介孔炭,并研究了其对铀的吸附性能。但在吸附研究和高性能吸附材料制备等方面还可以进一步拓展。

从吸附研究的角度来看,还有以下几方面的工作可以进一步完成:

(1)研究不同功能化介孔炭的循环复用性能;

(2)研究功能化介孔炭对 U(Ⅵ)的吸附热力学;

(3)采用 EXAFS 等手段研究功能化介孔炭对 U(Ⅵ)的吸附机理。

从高效吸附材料制备的角度来看,仍有以下研究工作可以开展:

(1)引入更多 U(Ⅵ)的良好配体。由前述可知,偕氨肟、氨基酸等含 N 配体和有机磷酸等含 O 配体对 U(Ⅵ)均具有强的配位能力。因此,可以考虑通过两种方式引入偕氨肟、氨基酸和有机磷酸等功能基团。首先,可以对多巴胺聚集体沉积型介孔炭和 PGMA 接枝型介孔炭进行共价修饰。其次,实现带有上述配位基的功能单体在介孔炭表面的可控聚合,制备新的聚合物接枝型介孔炭。

(2)引入大量亲水性基团。吸附材料在水中的分散性一定程度上影响了材料的铀吸附性能。因此,可以通过 ATRP 技术,实现介孔炭的嵌段共聚物接枝,其中一种聚合物具有较强的亲水性,另一种聚合物具有较强的 U(Ⅵ)配位能力。

(3) 引入更多新型的 ATRP 技术。随着光引发 ATRP 等新型 ATRP 技术的发明,ATRP 技术的成本逐渐降低,对反应环境的要求也更不苛刻,从而使更多的工业应用成为可能。因此,可以考虑引入新型 ATRP 技术,进一步降低聚合物功能化介孔炭的制备成本。

参 考 文 献

[1] 陈刚,刘久."一带一路"国家铀资源开发突破与前景[J].中国核工业,2016(7): 30-31.

[2] 林双幸,张铁岭,李胜祥."一带一路"国家铀资源开发合作与机遇[J].中国核工 业,2016(7):24-29.

[3] International Atomic Energy Agency and OECD Nuclear Energy Agency. Uranium 2014: resources,production and demand[R]. Paris and Vienna: IAEA and OECD NEA,2014.

[4] International Atomic Energy Agency and OECD Nuclear Energy Agency. Uranium 2016: resources,production and demand[R]. Paris and Vienna: IAEA and OECD NEA,2016.

[5] SHIMURA H,ITOH K,SUGIYAMA A,et al. Absorption of radionuclides from the fukushima nuclear accident by a novel algal strain[J]. PLoS One, 2012, 7(9): e44200.

[6] STEINHAUSER G,SCHAUER V,SHOZUGAWA K. Concentration of strontium-90 at selected hot spots in Japan[J]. PLoS One,2013,8(3): e57760.

[7] S. GROUDEV I S M N. In situ bioremediation of contaminated soils in uranium deposits[J]. Hydrometallurgy,2010,104(3-4): 518-523.

[8] 高军凯.新型吸附材料的制备及其对溶液中铀的净化研究[D].天津:天津大 学,2015.

[9] 李琴.介孔碳复合材料吸附铀的研究[D].南昌:东华理工大学,2013.

[10] WANG J,BAO Z,CHEN S,et al. Removal of uranium from aqueous solution by chitosan and ferrous ions[J]. J. Eng. Gas Turb. Power,2011,133(0845028): 1-3.

[11] UNDERHILL D H. Analysis of uranium supply to 2050[J]. Vienna: IAEA, 2002: 33-56.

[12] DAVID S,SHOLL R P L. Seven chemical separationsto change the world[J]. Nature,2016,532: 435-438.

[13] 牛玉清,陈树森.盐湖提铀:铀资源开发新途径[J].中国核工业,2016,(11): 21-23.

[14] 彭国文.新型功能化吸附剂的制备及其吸附铀的试验研究[D].长沙:中南大 学,2014.

[15] 罗明标,刘淑娟,余亨华.氢氧化镁处理含铀放射性废水的研究[J].水处理技术,

2002,28(5):274-277.

[16] 李小燕,张叶.放射性废水处理技术研究进展.铀矿冶,2010,29(3):153-156.

[17] FENG M,SARMA D,QI X,et al. Efficient removal and recovery of uranium by a layered organic-inorganic hybrid thiostannate[J]. J. Am. Chem. Soc. ,2016, 138(38):12578-12585.

[18] TORKABAD M G, KESHTKAR A R, SAFDARI S J. Comparison of polyethersulfone and polyamide nanofiltration membranes for uranium removal from aqueous solution[J]. Prog. Nucl. Energ. ,2017,94:93-100.

[19] 高军凯,顾平,张光辉,等.吸附法处理低浓度含铀废水的研究进展[J].中国工程科学,2014,16(7):73-78.

[20] 任俊树,牟涛,杨胜亚,等.絮凝沉淀处理含盐量较高的铀、钚低放废水[J].核化学与放射化学,2008,30(4):201-205.

[21] 缪永刚,牛文华,裴立廷.西安脉冲堆远红外辐射加热蒸发器[J].核动力工程, 2002(6):59-61.

[22] ANIRUDHAN T S, RADHAKRISHNAN P G. Improved performance of a biomaterial-based cation exchanger for the adsorption of uranium(Ⅵ)from water and nuclear industry wastewater[J]. J. Environ. Radioactiv. , 2009, 100 (3): 250-257.

[23] 万小岗,王东文.四钛酸钾晶须处理含铀废水实验研究[J].环境科学与技术, 2007,30:67-71.

[24] Al-HOBAIB A S,Al-SUHYBANI A A. Removal of uranyl ions from aqueous solutions using barium titanate[J]. J. Radioanal. Nucl. Chem. ,2014,299(1): 559-567.

[25] SANCHO M,ARNAL J M,VERDU G,et al. Ultrafiltration and reverse osmosis performance in the treatment of radioimmunoassay liquid wastes [J]. Desalination,2006,201(1-3):207-215.

[26] HU J,MA H,XING Z,et al. Preparation of amidoximated ultrahigh molecular weight polyethylene fiber by radiation grafting and uranium adsorption test[J]. Ind. Eng. Chem. Res. ,2016,55(15):4118-4124.

[27] DAS S,OYOLA Y,MAYES R T, et al. Extracting uranium from seawater: Promising AF series adsorbents [J]. Ind. Eng. Chem. Res. , 2016, 55 (15): 4110-4117.

[28] LINDNER H,SCHNEIDER E. Review of cost estimates for uranium recovery from seawater[J]. Energy Econ. ,2015,49:9-22.

[29] SYLWESTER E R,HUDSON E A,ALLEN P G. The structure of uranium(Ⅵ) sorption complexes on silica, alumina, and montmorillonite. Geochim [J]. Cosmochim. Ac. ,2000,64(14):2431-2438.

[30] KREMLEVA A, KRUEGER S, ROESCH N. Assigning EXAFs results for

uranyl adsorption on minerals via formal charges of bonding oxygen centers[J]. Surf. Sci. ,2013,615: 21-25.

[31] AYTAS S,YURTLU M,DONAT R. Adsorption characteristic of U(Ⅵ) ion onto thermally activated bentonite[J]. J. Hazard. Mater. ,2009,172(2-3): 667-674.

[32] ANIRUDHAN T S, RIJITH S. Synthesis and characterization of carboxyl terminated poly(methacrylicacid) grafted chitosan/bentonite composite and its application for the recovery of uranium(Ⅵ)from aqueous media[J]. J. Environ. Radioactiv. ,2012,106: 8-19.

[33] ANIRUDHAN T S,BRINGLE C D,RIJITH S. Removal of uranium(Ⅵ)from aqueous solutions and nuclear industry effluents using humic acid-immobilized zirconium-pillared clay[J]. J. Environ. Radioactiv. ,2010,101(3): 267-276.

[34] YUSAN S D,AKYIL S. Sorption of uranium(Ⅵ)from aqueous solutions by akaganeite[J]. J. Hazard. Mater. ,2008,160(2-3): 388-395.

[35] XIE S,ZHANG C,ZHOU X,et al. Removal of uranium(Ⅵ)from aqueous solution by adsorption of hematite[J]. J. Environ. Radioactiv. ,2008,100: 162-166.

[36] LUO M,LIU S,LI J, et al. Uranium sorption characteristics onto synthesized pyrite[J]. J. Radioanal. Nucl. Chem. ,2016,307(1): 305-312.

[37] CAMACHO L M,DENG S,PARRA R R. Uranium removal from groundwater by natural clinoptilolite zeolite: effects of pH and initial feed concentration[J]. J. Hazard. Mater. ,2010,175(1-3): 393-398.

[38] SPRYNSKYY M,KOWALKOWSKI T,TUTU H,et al. Adsorption performance of talc for uranium removal from aqueous solution[J]. Chem. Eng. J. , 2011, 171(3): 1185-1193.

[39] 夏良树,谭凯旋,王晓,等. 铀在榕树叶上的吸附行为及其机理分析[J]. 原子能科学技术,2010,44(3): 278-284.

[40] LI X,LIU Y,HUA M Z,et al. Adsorption of U(Ⅵ)from aqueous solution by cross-linked rice straw[J]. J. Radioanal. Nucl. Chem. ,2013,298(1): 383-392.

[41] ZHANG X,KONG L,SONG G,et al. Adsorption of uranium onto modified rice straw grafted with oxygen-containing groups [J]. Environ. Eng. Sci. , 2016, 33(12): 942-950.

[42] KALIN M,WHEELER W N,MEINRATH G. The removal of uranium from mining waste water using algal/microbial biomass[J]. J. Environ. Radioactiv. , 2005,78(2): 151-177.

[43] CHOUDHARY S, SAR P. Interaction of uranium(Ⅵ) with bacteria: potential applications in bioremediation of U contaminated oxic environments[J]. Rev. Environ. Sci. Biotechnol. ,2015,14(3): 347-355.

[44] YANG J,VOLESKY B. Biosorption of uranium on sargassum biomass[J]. Water Res. ,1999,33(15): 3357-3363.

[45] YI Z,YAO J,CHEN H,et al. Uranium biosorption from aqueous solution onto eichhornia crassipes[J]. J. Environ. Radioactiv. ,2016,154: 43-51.

[46] BAYRAMOGLU G,CELIK G,ARICA M Y. Studies on accumulation of uranium by fungus lentinus Sajor-Caju[J]. J. Hazard. Mater. ,2006,136(2): 345-353.

[47] ORELLANA R,LEAVITT J J,COMOLLI L R,et al. U(VI)reduction by diverse outer surface c-type cytochromes of geobacter sulfurreducens[J]. Appl. Environ. Microb. ,2013,79(20): 6369-6374.

[48] PIRON E,DOMARD A. Interaction between chitosan and uranyl ions,Part 2. Mechanism of interaction[J]. Int. J. Biol. Macromol. ,1998,22(1): 33-40.

[49] PIRON E,DOMARD A. Interaction between chitosan and uranyl ions,Part 1. Role of physicochemical parameters[J]. Int. J. Biol. Macromol. ,1997,21(4): 327-335.

[50] WANG G,LIU J,WANG X,et al. Adsorption of uranium (VI) from aqueous solution onto cross-linked chitosan [J]. J. Hazard. Mater. , 2009, 168 (2-3): 1053-1058.

[51] ATIA A A. Studies on the interaction of mercury (II) and uranyl (VI) with modified chitosan resins[J]. Hydrometallurgy,2005,80(1-2): 13-22.

[52] SABARUDIN A, OSHIMA M, TAKAYANAGI T, et al. Functionalization of chitosan with 3,4-dihydroxybenzoic acid for the adsorption/collection of uranium in water samples and its determination by inductively coupled plasma-mass spectrometry[J]. Anal. Chim. Acta,2007,581(2): 214-220.

[53] OSHITA K,SEO K, SABARUDIN A, et al. Synthesis of chitosan resin possessing a phenylarsonic acid moiety for collection/concentration of uranium and its determination by ICP-AES[J]. Anal. Bioanal. Chem. ,2008,390(7): 1927-1932.

[54] SURESHKUMAR M K,DAS D,MALLIA M B,et al. Adsorption of uranium from aqueous solution using chitosan-tripolyphosphate (CTPP) beads [J]. J. Hazard. Mater. ,2010,184(1-3): 65-72.

[55] ZHOU L,SHANG C,LIU Z,et al. Selective adsorption of uranium (VI) from aqueous solutions using the ion-imprinted magnetic chitosan resins[J]. J. Colloid Interface Sci. ,2012,366(1): 165-172.

[56] GALHOUM A A,MAHFOUZ M G,ATIA A A,et al. Amino acid functionalized chitosan magnetic nanobased particles for uranyl sorption[J]. Ind. Eng. Chem. Res. ,2015,54(49): 12374-12385.

[57] HUMELNICU D, DINU M V, DRAGAN E S. Adsorption characteristics of UO_2^{2+} and Th^{4+} ions from simulated radioactive solutions onto chitosan/clinoptilolite sorbents[J]. J. Hazard. Mater. ,2011,185(1): 447-455.

[58] HRITCU D, HUMELNICU D, DODI G, et al. Magnetic chitosan composite

particles: evaluation of thorium and uranyl ion adsorption from aqueous solutions[J]. Carbohyd. Polym. ,2012,87(2): 1185-1191.

[59] CHENG W,WANG M, YANG Z, et al. The efficient enrichment of U(Ⅵ)by graphene oxide-supported chitosan[J]. RSC Adv. ,2014,4(106): 61919-61926.

[60] ATUN G, ORTABOY S. Adsorptive removal of uranium from water by sulfonated phenol-formaldehyde resin[J]. J. Appl. Polym. Sci. , 2009, 114(6): 3793-3801.

[61] DONIA A M,ATIA A A,MOUSSA E M M,et al. Removal of uranium(Ⅵ)from aqueous solutions using glycidyl methacrylate chelating resins[J]. Hydrometallurgy, 2009,95(3-4): 183-189.

[62] CAO Q,LIU Y,KONG X,et al. Synthesis of phosphorus-modified poly(styrene-co-divinylbenzene)chelating resin and its adsorption properties of uranium(Ⅵ)[J]. J. Radioanal. Nucl. Chem. ,2013,298(2): 1137-1147.

[63] PREETHA C R,GLADIS J M,RAO T P,et al. Removal of toxic uranium from synthetic nuclear power reactor effluents using uranyl ion imprinted polymer particles[J]. Environ. Sci. Technol. ,2006,40(9): 3070-3074.

[64] MONIER M, ALATAWI R A S, ABDEL-LATIF D A. Synthesis and characterization of ion-imprinted resin for selective removal of UO_2(Ⅱ)ions from aqueous medium[J]. J. Mol. Recognit. ,2015,28(5): 306-315.

[65] YI X,XU Z,LIU Y, et al. Highly efficient removal of uranium(Ⅵ) from wastewater by polyacrylic acid hydrogels [J]. RSC Adv. , 2017, 7(11): 6278-6287.

[66] KRESGE C T,LEONOWICZ M E, ROTH W J, et al. Ordered mesoporous molecular-sieves synthesized by a liquid-crystal template mechanism[J]. Nature, 1992,359(6397): 710-712.

[67] YUAN L,ZHU L,XIAO C, et al. Large-pore 3D cubic mesoporous(KIT-6) hybrid bearing a hard-soft donor combined ligand for enhancing U(Ⅵ)capture: an experimental and theoretical investigation[J]. ACS Appl. Mater. Interfaces, 2017,9(4): 3774-3784.

[68] YUAN L,LIU Y,SHI W,et al. High performance of phosphonate-functionalized mesoporous silica for U(Ⅵ)sorption from aqueous solution[J]. Dalton Trans. , 2011,40(28): 7446-7453.

[69] YUAN L,LIU Y, SHI W, et al. A novel mesoporous material for uranium extraction,dihydroimidazole functionalized SBA-15[J]. J. Mater. Chem. , 2012, 22(33): 17019-17026.

[70] LEBED P J,de SOUZA K,BILODEAU F,et al. Phosphonate-functionalized large pore 3-D cubic mesoporous(KIT-6)hybrid as highly efficient actinide extracting agent[J]. Chem. Commun. ,2011,47(41): 11525-11527.

[71] LEBED P J, SAVOIE J, FLOREK J, et al. Large pore mesostructured organosilica-phosphonate hybrids as highly efficient and regenerable sorbents for uranium sequestration[J]. Chem. Mater. ,2012,24(21): 4166-4176.

[72] ZHAO Y,WANG X,LI J,et al. Amidoxime functionalization of mesoporous silica and its high removal of U(Ⅵ)[J]. Poly. Chem. ,2015,6(30): 5376-5384.

[73] ZHAO Y,LI J,ZHANG S,et al. Amidoxime-functionalized magnetic mesoporous silica for selective sorption of U(Ⅵ)[J]. RSC Adv. ,2014,4(62): 32710-32717.

[74] JI G,ZHU G,WANG X,et al. Preparation of amidoxime functionalized SBA-15 with platelet shape and adsorption property of U(Ⅵ)[J]. Sep. Purif. Technol. , 2017,174: 455-465.

[75] GAO J,HOU L, ZHANG G, et al. Facile functionalized of SBA-15 via a biomimetic coating and its application in efficient removal of uranium ions from aqueous solution[J]. J. Hazard. Mater. ,2015,286: 325-333.

[76] IIJIMA S. Helical microtubules of graphitic carbon[J]. Nature,1991,354(6348): 56-58.

[77] NIU C,SICHEL E K,HOCH R,et al. High power electrochemical capacitors based on carbon nanotube electrodes [J]. Appl. Phys. Lett. , 1997, 70 (11): 1480-1482.

[78] El-DEEB H, BRON M. Microwave-assisted polyol synthesis of PtCu/carbon nanotube catalysts for electrocatalytic oxygen reduction[J]. J. Power Sources, 2015,275: 893-900.

[79] PRATO M,KOSTARELOS K,BIANCO A. Functionalized carbon nanotubes in drug design and discovery[J]. Accounts Chem. Res. ,2008,41(1): 60-68.

[80] WANG X,CHEN C,HU W,et al. Sorption of 243 Am(Ⅲ) to multiwall carbon nanotubes[J]. Environ. Sci. Technol. ,2005,39(8): 2856-2860.

[81] BELLONI F, KUETAHYALI C, RONDINELLA V V, et al. Can carbon nanotubes play a role in the field of nuclear waste management? [J]. Environ. Sci. Technol. ,2009,43(5): 1250-1255.

[82] FASFOUS I I,DAWOUD J N. Uranium (Ⅵ) sorption by multiwalled carbon nanotubes from aqueous solution[J]. Appl. Surf. Sci. ,2012,259: 433-440.

[83] SUN Y,YANG S,SHENG G,et al. The removal of U(Ⅵ)from aqueous solution by oxidized multiwalled carbon nanotubes[J]. J. Environ. Radioactiv. ,2012,105: 40-47.

[84] SHAO D,JIANG Z, WANG X, et al. Plasma induced grafting carboxymethyl cellulose on multiwalled carbon nanotubes for the removal of UO_2^{2+} from aqueous solution[J]. J. Phys. Chem. B,2009,113(4): 860-864.

[85] WANG Y,GU Z, YANG J, et al. Amidoxime-grafted multiwalled carbon nanotubes by plasma techniques for efficient removal of uranium(Ⅵ)[J]. Appl.

Surf. Sci. ,2014,320: 10-20.

[86] ABDEEN Z,AKI Z F. Uranium(Ⅵ)adsorption from aqueous solutions using poly (vinyl alcohol)/carbon nanotube composites[J]. RSC Adv. , 2015, 5 (91): 74220-74229.

[87] NOVOSELOV K S,GEIM A K, MOROZOV S V,et al. Electric field effect in atomically thin carbon films[J]. Science,2004,306(5696): 666-669.

[88] GEIM A K,NOVOSELOV K S. The rise of graphene[J]. Nature mater. ,2007, 6: 183-191.

[89] LEE C,WEI X,KYSAR J W,et al. Measurement of the elastic properties and intrinsic strength of monolayer graphene[J]. Science,2008,321(5887): 385-388.

[90] ZHAO G,WEN T,YANG X,et al. Preconcentration of U(Ⅵ)ions on few-layered graphene oxide nanosheets from aqueous solutions[J]. Dalton Trans. , 2012, 41(20): 6182-6188.

[91] LI Z,CHEN L, YUAN L, et al. Uranium (Ⅵ) adsorption on graphene oxide nanosheets from aqueous solutions[J]. Chem. Eng. J. ,2012,210: 539-546.

[92] ROMANCHUK A Y,SLESAREV A S,KALMYKOV S N,et al. Graphene oxide for effective radionuclide removal[J]. Phys. Chem. Chem. Phys. ,2013,15(7): 2321-2327.

[93] DING C,CHENG W, SUN Y, et al. Determination of chemical affinity of graphene oxide nanosheets with radionuclides investigated by macroscopic, spectroscopic and modeling techniques [J]. Dalton Trans. , 2014, 43 (10): 3888-3896.

[94] SUN Y,SHAO D,CHEN C,et al. Highly efficient enrichment of radionuclides on graphene oxide-supported polyaniline[J]. Environ. Sci. Technol. ,2013,47(17): 9904-9910.

[95] SHAO D,HOU G,LI J,et al. PANI/GO as a super adsorbent for the selective adsorption of uranium(Ⅵ)[J]. Chem. Eng. J. ,2014,255: 604-612.

[96] HU R,SHAO D,WANG X. Graphene oxide/polypyrrole composites for highly selective enrichment of U(Ⅵ)from aqueous solutions[J]. Poly. Chem. ,2014, 5(21): 6207-6215.

[97] LIU X,LI J,WANG X, et al. High performance of phosphate-functionalized graphene oxide for the selective adsorption of U(Ⅵ)from acidic solution[J]. J. Nucl. Mater. ,2015,466: 56-64.

[98] SONG W,WANG X,WANG Q,et al. Plasma-induced grafting of polyacrylamide on graphene oxide nanosheets for simultaneous removal of radionuclides[J]. Phys. Chem. Chem. Phys. ,2015,17(1): 398-406.

[99] MA T,LIU L,YUAN Z. Direct synthesis of ordered mesoporous carbons[J]. Chem. Soc. Rev. ,2013,42(9): 3977-4003.

[100] KNOX J H, UNGER K K, MUELLER H. Prospects for carbon as packing material in high-performance liquid-chromatography [J]. J. Liq. Chromatogr. , 1983, 61: 1-36.

[101] KNOX J H, KAUR B, MILLWARD G R. Structure and performance of porous graphitic carbon in liquid-chromatography [J]. J. Liq. Chromatogr. , 1986, 352: 3-25.

[102] JUN S, JOO S H, RYOO R, et al. Synthesis of new, nanoporous carbon with hexagonally ordered mesostructure [J]. J. Am. Chem. Soc. , 2000, 122 (43): 10712-10713.

[103] WU C G, BEIN T. Conducting polyaniline filaments in a mesoporous channel host[J]. Science, 1994, 264(5166): 1757-1759.

[104] RYOO R, JOO S H, JUN S. Synthesis of highly ordered carbon molecular sieves via template-mediated structural transformation [J]. J. Phys. Chem. B, 1999, 103(37): 7743-7746.

[105] RYOO R, JOO S H, KRUK M, et al. Ordered mesoporous carbons[J]. Adv. Mater. , 2001, 13(9): 677-681.

[106] KANEDA M, TSUBAKIYAMA T, CARLSSON A, et al. Structural study of mesoporous MCM-48 and carbon networks synthesized in the spaces of MCM-48 by electron crystallography[J]. J. Phys. Chem. B, 2002, 106(6): 1256-1266.

[107] JOO S H, CHOI S J, OH I, et al. Ordered nanoporous arrays of carbon supporting high dispersions of platinum nanoparticles [J]. Nature, 2001, 412(6843): 169-172.

[108] LEE J, YOON S, HYEON T, et al. Synthesis of a new mesoporous carbon and its application to electrochemical double-layer capacitors[J]. Chem. Commun. , 1999(21): 2177-2178.

[109] LEE J, YOON S, OH S M, et al. Development of a new mesoporous carbon using an HMS aluminosilicate template[J]. Adv. Mater. , 2000, 12(5): 359-362.

[110] CHAI G S, YOON S B, YU J S, et al. Ordered porous carbons with tunable pore sizes as catalyst supports in direct methanol fuel cell[J]. J. Phys. Chem. B, 2004, 108(22): 7074-7079.

[111] LEE J, SOHN K, HYEON T. Fabrication of novel mesocellular carbon foams with uniform ultralarge mesopores[J]. J. Am. Chem. Soc. , 2001, 123(21): 5146-5147.

[112] KYOTANI T, TSAI L, TOMITA A. Preparation of ultrafine carbon tubes in nanochannels of an anodic aluminum oxide film[J]. Chem. Mater. , 1996, 8(8): 2109-2113.

[113] LIANG C, LI Z, DAI S. Mesoporous carbon materials: synthesis and modification[J]. Angew. Chem. Int. Ed. , 2008, 47(20): 3696-3717.

[114] LIANG C D, Hong K L, Guiochon G A, et al. Synthesis of a large-scale highly ordered porous carbon film by self-assembly of block copolymers[J]. Angew. Chem. Int. Ed. ,2004,43(43): 5785-5789.

[115] TANAKA S, NISHIYAMA N, EGASHIRA Y, et al. Synthesis of ordered mesoporous carbons with channel structure from an organic-organic nanocomposite[J]. Chem. Commun. ,2005(16): 2125-2127.

[116] MENG Y, GU D, ZHANG F Q, et al. Ordered mesoporous polymers and homologous carbon frameworks: amphiphilic surfactant templating and direct transformation[J]. Angew. Chem. Int. Ed. ,2005,44(43): 7053-7059.

[117] LIANG C D, DAI S. Synthesis of mesoporous carbon materials via enhanced hydrogen-bonding interaction [J]. J. Am. Chem. Soc. , 2006, 128 (16): 5316-5317.

[118] ZHONG M, KIM E K, MCGANN J P, et al. Electrochemically active nitrogen-enriched nanocarbons with well-defined morphology synthesized by pyrolysis of self-assembled block copolymer [J]. J. Am. Chem. Soc. , 2012, 134 (36): 14846-14857.

[119] WANG J, MATYJASZEWSKI K. Controlled living radical polymerization-halogen atom-transfer radical polymerization promoted by a Cu(I)/Cu(II) redox process[J]. Macromolecules,1995,28(23): 7901-7910.

[120] MATYJASZEWSKI K, XIA J. Atom transfer radical polymerization[J]. Chem. Rev. ,2001,101(9): 2921-2990.

[121] ZHONG M, TANG C, KYUNG KIM E, et al. Preparation of porous nanocarbons with tunable morphology and pore size from copolymer templated precursors[J]. Mater. Horiz. ,2014,1(1): 121-124.

[122] STEIN A, WANG Z, FIERKE M A. Functionalization of porous carbon materials with designed pore architecture [J]. Adv. Mater. , 2009, 21 (3): 265-293.

[123] ZHANG J, YI X, JU W, et al. Hydrophilic modification of ordered mesoporous carbons for supercapacitor via electrochemically induced surface-initiated atom-transfer radical polymerization[J]. Electrochem. Commun. ,2017,74: 19-23.

[124] LU A, KIEFER A, SCHMIDT W, et al. Synthesis of polyacrylonitrile-based ordered mesoporous carbon with tunable pore structures[J]. Chem. Mater. , 2004,16(1): 100-103.

[125] ZHONG M, NATESAKHAWAT S, BALTRUS J P, et al. Copolymer-templated nitrogen-enriched porous nanocarbons for CO_2 capture[J]. Chem. Commun. , 2012,48(94): 11516-11518.

[126] ZHONG M, JIANG S, TANG Y, et al. Block copolymer-templated nitrogen-enriched nanocarbons with morphology-dependent electrocatalytic activity for

oxygen reduction[J]. Chem. Sci. ,2014,5(8): 3315.

[127] WU D,DONG H,PIETRASIK J,et al. Novel nanoporous carbons from well-defined poly (styrene-co-acrylonitrile)-grafted silica nanoparticles [J]. Chem. Mater. ,2011,23(8): 2024-2026.

[128] LI W,CHEN D,LI Z,et al. Nitrogen-containing carbon spheres with very large uniform mesopores: the superior electrode materials for edlc in organic electrolyte[J]. Carbon,2007,45(9): 1757-1763.

[129] YONGSOON S,FRYXELL G E. Templated synthesis of pyridine functionalized mesoporous carbons through the cyclotrimerization of diethynylpyridines [J]. Chem. Mater. ,2008,20(3): 981-986.

[130] VINU A,SRINIVASU P,SAWANT D P,et al. Three-dimensional cage type mesoporous CN-based hybrid material with very high surface area and pore volume[J]. Chem. Mater. ,2007,19(17): 4367-4372.

[131] PENG J,ZHANG W, LIU Y, et al. Superior adsorption performance of mesoporous carbon nitride for methylene blue and the effect of investigation of different modifications on adsorption capacity[J]. Water Air Soil Pollut. ,2017, 228(1): 1-16.

[132] WU Z,WEBLEY P A,ZHAO D. Post-enrichment of nitrogen in soft-templated ordered mesoporous carbon materials for highly efficient phenol removal and CO_2 capture[J]. J. Mater. Chem. ,2012,22(22): 11379.

[133] WAN Y,QIAN X,JIA N,et al. Direct triblock-copolymer-templating synthesis of highly ordered fluorinated mesoporous carbon [J]. Chem. Mater. , 2008, 20(3): 1012-1018.

[134] SHIN Y,FRYXELL G E, UM W, et al. Sulfur-functionalized mesoporous carbon[J]. Adv. Funct. Mater. ,2007,17(15): 2897-2901.

[135] ZHAO X,WANG A,YAN J,et al. Synthesis and electrochemical performance of heteroatom-incorporated ordered mesoporous carbons [J]. Chem. Mater. , 2010,22(19): 5463-5473.

[136] LI H,XI H A,ZHU S,et al. Preparation, structural characterization, and electrochemical properties of chemically modified mesoporous carbon [J]. Microporous Mesoporous Mater. ,2006,96(1-3): 357-362.

[137] WANG D,LI F,LIU M,et al. Improved capacitance of SBA-15 templated mesoporous carbons after modification with nitric acid oxidation[J]. New Carbon Mater. ,2007,22(4): 307-314.

[138] BAZUA P A,LU A,NITZ J,et al. Surface and pore structure modification of ordered mesoporous carbons via a chemical oxidation approach[J]. Microporous Mesoporous Mater. ,2008,108(1-3): 266-275.

[139] LU A H,LI W C,MURATOVA N, et al. Evidence for C-C bond cleavage by

H_2O_2 in a mesoporous CMK-5 type carbon at room temperature[J]. Chem. Commun. ,2005(41): 5184-5186.

[140] SANCHEZ-SANCHEZ A,SUAREZ-GARCIA F,MARTINEZ-ALONSO A,et al. Surface modification of nanocast ordered mesoporous carbons through a wet oxidation method[J]. Carbon,2013,62: 193-203.

[141] WU Z,WEBLEY P A, ZHAO D. Comprehensive study of pore evolution, mesostructural stability, and simultaneous surface functionalization of ordered mesoporous carbon(FDU-15)by wet oxidation as a promising adsorbent[J]. Langmuir,2010,26(12): 10277-10286.

[142] BURKE D M,MORRIS M A,HOLMES J D. Chemical oxidation of mesoporous carbon foams for lead ion adsorption [J]. Sep. Purif. Technol. , 2013, 104: 150-159.

[143] LASHGARI M, LEE H K. Introducing surface-modified ordered mesoporous carbon as a promising sorbent for extraction of N-nitrosamines[J]. J. Colloid Interface Sci. ,2016,481: 39-46.

[144] XING R,LIU N,LIU Y,et al. Novel solid acid catalysts: sulfonic acid group-functionalized mesostructured polymers[J]. Adv. Funct. Mater. ,2007,17(14): 2455-2461.

[145] WANG X,LIU R,WAJE M M,et al. Sulfonated ordered mesoporous carbon as a stable and highly active protonic acid catalyst[J]. Chem. Mater. ,2007,19(10): 2395-2397.

[146] MAYES R T,FULVIO P F,MA Z,et al. Phosphorylated mesoporous carbon as a solid acid catalyst[J]. Phys. Chem. Chem. Phys. ,2011,13(7): 2492-2494.

[147] TAMAI H, SHIRAKI K, SHIONO T, et al. Surface functionalization of mesoporous and microporous activated carbons by immobilization of diamine [J]. J. Colloid Interface Sci. ,2006,295(1): 299-302.

[148] TENG W, WU Z, FAN J, et al. Amino-functionalized ordered mesoporous carbon for the separation of toxic microcystin-lr[J]. J. Mater. Chem. A,2015, 3(37): 19168-19176.

[149] MOHAMMADNEZHAD G, DINARI M, SOLTANI R, et al. Thermal and mechanical properties of novel nanocomposites from modified ordered mesoporous carbon FDU-15 and poly(methyl methacrylate)[J]. Appl. Surf. Sci. ,2015,346: 182-188.

[150] LI Z,DAI S. Surface functionalization and pore size manipulation for carbons of ordered structure[J]. Chem. Mater. ,2005,17(7): 1717-1721.

[151] LI Z,YAN W,DAI S. Surface functionalization of ordered mesoporous carbons: a comparative study[J]. Langmuir,2005,21(25): 11999-12006.

[152] LIANG C, HUANG J, LI Z, et al. A diazonium salt-based ionic liquid for

solvent-free modification of carbon[J]. Eur. J. Org. Chem. , 2006, 2006 (3): 586-589.

[153] KIM J H, KIM T, JEONG Y C, et al. Stabilization of insoluble discharge products by facile aniline modification for high performance Li-S batteries[J]. Adv. Energy Mater. ,2015,5(14): 1500268.

[154] WANG X, JIANG D, DAI S. Surface modification of ordered mesoporous carbons via 1,3-dipolar cycloaddition of azomethine ylides[J]. Chem. Mater. , 2008,20(15): 4800-4802.

[155] ALMEIDA R K S, MELO J C P, AIROLDI C. A new approach for mesoporous carbon organofunctionalization with maleic anhydride [J]. Microporous Mesoporous Mater. ,2013,165: 168-176.

[156] CHOI M, RYOO R. Ordered nanoporous polymer-carbon composites[J]. Nat. Mater. ,2003,2(7): 473-476.

[157] WANG Y G, LI H Q, XIA Y Y. Ordered whiskerlike polyaniline grown on the surface of mesoporous carbon and its electrochemical capacitance performance [J]. Adv. Mater. ,2006,18(19): 2619-2623.

[158] WANG J, YU X, LI Y, et al. Poly (3, 4-ethylenedioxythiophene)/mesoporous carbon composite[J]. J. Phys. Chem. C,2007,111(49): 18073-18077.

[159] JI X, LEE K T, NAZAR L F. A highly ordered nanostructured carbon-sulphur cathode for lithium-sulphur batteries[J]. Nat. Mater. ,2009,8(6): 500-506.

[160] LEE H I, JUNG Y, KIM S, et al. Preparation and application of chelating polymer-mesoporous carbon composite for copper-ion adsorption[J]. Carbon, 2009,47(4): 1043-1049.

[161] HWANG C, JIN Z, LU W, et al. In situ synthesis of polymer-modified mesoporous carbon CMK-3 composites for CO_2 sequestration[J]. ACS Appl. Mater. Interfaces,2011,3(12): 4782-4786.

[162] GAO P, WANG A, WANG X, et al. Synthesis of highly ordered Ir-containing mesoporous carbon materials by organic-organic self-assembly [J]. Chem. Mater. ,2008,20(5): 1881-1888.

[163] PARSONS-MOSS T, TUEYSUEZ H, WANG D, et al. Plutonium sorption to nanocast mesoporous carbon[J]. Radiochim. Acta,2014,102(6): 489-504.

[164] PARSONS-MOSS T, WANG J, JONES S, et al. Sorption interactions of plutonium and europium with ordered mesoporous carbon[J]. J. Mater. Chem. A,2014,2(29): 11209-11221.

[165] PETROVIĆ, UKIĆ A, KUMRIĆ K, et al. Mechanism of sorption of pertechnetate onto ordered mesoporous carbon [J]. J. Radioanal. Nucl. Chem. , 2014, 302 (1): 217-224.

[166] ZHANG Z, ZHOU Y, LIU Y, et al. Removal of thorium from aqueous solution

by ordered mesoporous carbon CMK-3[J]. J. Radioanal. Nucl. Chem., 2014, 302(1): 9-16.

[167] HUSNAIN S M, UM W, CHANG Y, et al. Recyclable superparamagnetic adsorbent based on mesoporous carbon for sequestration of radioactive cesium[J]. Chem. Eng. J., 2017, 308: 798-808.

[168] TIAN G, GENG J, JIN Y, et al. Sorption of uranium(Ⅵ) using oxime-grafted ordered mesoporous carbon CMK-5[J]. J. Hazard. Mater., 2011, 190(1-3): 442-450.

[169] WANG Y, ZHANG Z, LIU Y, et al. Adsorption of U(Ⅵ) from aqueous solution by the carboxyl-mesoporous carbon[J]. Chem. Eng. J., 2012, 198-199: 246-253.

[170] CARBONI M, ABNEY C W, TAYLOR-PASHOW K M L, et al. Uranium sorption with functionalized mesoporous carbon materials[J]. Ind. Eng. Chem. Res., 2013, 52(43): 15187-15197.

[171] LIU Y, LI Q, CAO X, et al. Removal of uranium(Ⅵ) from aqueous solutions by CMK-3 and its polymer composite[J]. Appl. Surf. Sci., 2013, 285: 258-266.

[172] ZHANG Z, YU X, CAO X, et al. Adsorption of U(Ⅵ) from aqueous solution by sulfonated ordered mesoporous carbon[J]. J. Radioanal. Nucl. Chem., 2014, 301(3): 821-830.

[173] ZOU Y, CAO X, LUO X, et al. Recycle of U(Ⅵ) from aqueous solution by situ phosphorylation mesoporous carbon[J]. J. Radioanal. Nucl. Chem., 2015, 306(2): 515-525.

[174] CHENG Z, LIU Y, XIONG G, et al. Preparation of amidoximated polymer composite based on CMK-3 for selective separation of uranium from aqueous solutions[J]. J. Radioanal. Nucl. Chem., 2015, 306(2): 365-375.

[175] GORKA J, MAYES R T, BAGGETTO L, et al. Sonochemical functionalization of mesoporous carbon for uranium extraction from seawater[J]. J. Mater. Chem. A, 2013, 1(9): 3016-3026.

[176] DENG Y, XIE Y, ZOU K, et al. Review on recent advances in nitrogen-doped carbons: preparations and applications in supercapacitors[J]. J. Mater. Chem. A, 2016, 4(4): 1144-1173.

[177] NIU W, LI L, LIU X, et al. Mesoporous N-doped carbons prepared with thermally removable nanoparticle templates: an efficient electrocatalyst for oxygen reduction reaction[J]. J. Am. Chem. Soc., 2015, 137(16): 5555-5562.

[178] TO J W F, HE J, MEI J, et al. Hierarchical N-doped carbon as CO_2 adsorbent with high CO_2 selectivity from rationally designed polypyrrole precursor[J]. J. Am. Chem. Soc., 2016, 138(3): 1001-1009.

[179] TANG M, MAO S, LI M, et al. Ru/Pd alloy nanoparticles supported on N-doped carbon as an efficient and stable catalyst for benzoic acid hydrogenation[J]. ACS

Catalysis,2015,5(5): 3100-3107.

[180] JIA Y F,XIAO B,THOMAS K M. Adsorption of metal ions on nitrogen surface functional groups in activated carbons[J]. Langmuir,2002,18(2): 470-478.

[181] ZAINI M A A,AMANO Y, MACHIDA M. Adsorption of heavy metals onto activated carbons derived from polyacrylonitrile fiber[J]. J. Hazard. Mater. , 2010,180(1-3): 552-560.

[182] GOTTLIEB E,KOPEĆ M,BANERJEE M,et al. In-situ platinum deposition on nitrogen-doped carbon films as a source of catalytic activity in a hydrogen evolution reaction[J]. ACS Appl. Mater. Interfaces,2016,8(33): 21531-21538.

[183] JU M J,CHOI I T,ZHONG M,et al. Copolymer-templated nitrogen-enriched nanocarbons as a low charge-transfer resistance and highly stable alternative to platinum cathodes in dye-sensitized solar cells[J]. J. Mater. Chem. A, 2015, 3(8): 4413-4419.

[184] XIA J,MATYJASZEWSKI K. Controlled/"living" radical polymerization. Atom transfer radical polymerization catalyzed by copper (I) and picolylamine complexes[J]. Macromolecules,1999,32(8): 2434-2437.

[185] MATYJASZEWSKI K,JAKUBOWSKI W, MIN K,et al. Diminishing catalyst concentration in atom transfer radical polymerization with reducing agents[J]. Proc. Natl. Acad. Sci. USA,2006,103(42): 15309-15314.

[186] BOYER C,SOERIYADI A H,ZETTERLUND P B,et al. Synthesis of complex multiblock copolymers via a simple iterative Cu (0)-mediated radical polymerization approach[J]. Macromolecules,2011,44(20): 8028-8033.

[187] KONKOLEWICZ D, WANG Y, ZHONG M, et al. Reversible-deactivation radical polymerization in the presence of metallic copper. A critical assessment of the SARA ATRP and SET-LRP mechanisms [J]. Macromolecules, 2013, 46(22): 8749-8772.

[188] BAJAJ P,ROOPANWAL A K. Thermal stabilization of acrylic precursors for the production of carbon fibers: An overview. J. Macromol. Sci. -Rev. Macromol [J]. Chem. Phys. ,1997,C37(1): 97-147.

[189] NGUYEN-THAI N U,HONG S C. Structural evolution of poly(acrylonitrile-co-itaconic acid)during thermal oxidative stabilization for carbon materials[J]. Macromolecules,2013,46(15): 5882-5889.

[190] LIU X,CHEN W,HONG Y,et al. Stabilization of atactic-polyacrylonitrile under nitrogen and air as studied by solid-state NMR[J]. Macromolecules, 2015, 48(15): 5300-5309.

[191] SHIN K,HONG J,JANG J. Heavy metal ion adsorption behavior in nitrogen-doped magnetic carbon nanoparticles: isotherms and kinetic study [J]. J. Hazard. Mater. ,2011,190(1-3): 36-44.

[192] XIN W, SONG Y. Mesoporous carbons: recent advances in synthesis and typical applications[J]. RSC Adv. ,2015,5(101): 83239-83285.

[193] MENG Y, GU D, ZHANG F, et al. A family of highly ordered mesoporous polymer resin and carbon structures from organic-organic self-assembly[J]. Chem. Mater. ,2006,18(18): 4447-4464.

[194] SUN Y, YANG S, CHEN Y, et al. Adsorption and desorption of U(Ⅵ) on functionalized graphene oxides: a combined experimental and theoretical study [J]. Environ. Sci. Technol. ,2015,49(7): 4255-4262.

[195] WANG X, FAN Q, YU S, et al. High sorption of U(Ⅵ) on graphene oxides studied by batch experimental and theoretical calculations[J]. Chem. Eng. J. , 2016,287: 448-455.

[196] CACCIN M, GIACOBBO F, DA ROS M, et al. Adsorption of uranium, cesium and strontium onto coconut shell activated carbon[J]. J. Radioanal. Nucl. Chem. ,2013,297(1): 9-18.

[197] BERTHOD A. Silica-backbone material of liquid-chromatographic column packings[J]. J. Chromatogr. ,1991,549(1-2): 1-28.

[198] LEE H, DELLATORE S M, MILLER W M, et al. Mussel-inspired surface chemistry for multifunctional coatings[J]. Science,2007,318(5849): 426-430.

[199] HONG S, NA Y S, CHOI S, et al. Non-covalent self-assembly and covalent polymerization co-contribute to polydopamine formation[J]. Adv. Funct. Mater. ,2012,22(22): 4711-4717.

[200] SUNG M K, HWANG N S, JIHYEON Y, et al. One-step multipurpose surface functionalization by adhesive catecholamine[J]. Adv. Funct. Mater. , 2012, 22(14): 2949-2955.

[201] YUE Q, WANG M, SUN Z, et al. A versatile ethanol-mediated polymerization of dopamine for efficient surface modification and the construction of functional core-shell nanostructures[J]. J. Mater. Chem. B,2013,1(44): 6085-6093.

[202] XU L Q, YANG W J, NEOH K, et al. Dopamine-induced reduction and functionalization of graphene oxide nanosheets[J]. Macromolecules, 2010, 43(20): 8336-8339.

[203] FEI B, QIAN B, YANG Z, et al. Coating carbon nanotubes by spontaneous oxidative polymerization of dopamine[J]. Carbon,2008,46(13): 1795-1797.

[204] LIN D, XING B. Adsorption of phenolic compounds by carbon nanotubes: role of aromaticity and substitution of hydroxyl groups[J]. Environ. Sci. Technol. , 2008,42(19): 7254-7259.

[205] SEDO J, SAIZ-POSEU J, BUSQUE F, et al. Catechol-based biomimetic functional materials[J]. Adv. Mater. ,2013,25(5): 653-701.

[206] TERZYK A P. Further insights into the role of carbon surface functionalities in

the mechanism of phenol adsorption[J]. J. Colloid Interface Sci. ,2003,268(2): 301-329.

[207] DUBEY A, CHOI M, RYOO R. Mesoporous polymer-silica catalysts for selective hydroxylation of phenol[J]. Green Chem. ,2006,8(2): 144.

[208] FIERRO V, TORNÉ-FERNÁNDEZ V, MONTANÉ D, et al. Adsorption of phenol onto activated carbons having different textural and surface properties [J]. Microporous Mesoporous Mater. ,2008,111(1-3): 276-284.

[209] CHEN H, SHAO D, LI J, et al. The uptake of radionuclides from aqueous solution by poly(amidoxime) modified reduced graphene oxide[J]. Chem. Eng. J. ,2014,254: 623-634.

[210] WU F, PU N, YE G, et al. Performance and mechanism of uranium adsorption from seawater to polydopamine inspired sorbents[J]. Environ. Sci. Technol. , 2017,51: 4606-4614.

[211] MATYJASZEWSKI K, MILLER P J, SHUKLA N, et al. Polymers at interfaces: using atom transfer radical polymerization in the controlled growth of homopolymers and block copolymers from silicon surfaces in the absence of untethered sacrificial initiator[J]. Macromolecules,1999,32(26): 8716-8724.

[212] KHABIBULLIN A, BHANGAONKAR K, MAHONEY C, et al. Grafting pmma brushes from a-alumina nanoparticles via SI-ATRP[J]. ACS Appl. Mater. Interfaces,2016,8(8): 5458-5465.

[213] KRUK M, DUFOUR B, CELER E B, et al. Grafting monodisperse polymer chains from concave surfaces of ordered mesoporous silicas[J]. Macromolecules, 2008,41(22): 8584-8591.

[214] KONG H, GAO C, YAN D Y. Controlled functionalization of multiwalled carbon nanotubes by in situ atom transfer radical polymerization[J]. J. Am. Chem. Soc. ,2004,126(2): 412-413.

[215] ZHOU P, CHEN G, LI C, et al. Synthesis of hammer-like macromolecules of C60 with well-defined polystyrene chains via atom transfer radical polymerization(ATRP)using a C60-monoadduct initiator[J]. Chem. Commun. , 2000(9): 797-798.

[216] CHEN Y, ZHANG S, LIU X, et al. Preparation of solution-processable reduced graphene oxide/polybenzoxazole nanocomposites with improved dielectric properties[J]. Macromolecules,2015,48(2): 365-372.

[217] HE H, ZHONG M, KONKOLEWICZ D, et al. Carbon black functionalized with hyperbranched polymers: synthesis, characterization, and application in reversible CO_2 capture[J]. J. Mater. Chem. A,2013,1(23): 6810-6821.

[218] KRUK M, DUFOUR B, CELER E B, et al. Synthesis of mesoporous carbons using ordered and disordered mesoporous silica templates and polyacrylonitrile

as carbon precursor[J]. J. Phys. Chem. B,2005,109(19): 9216-9225.

[219] GORMAN C B,PETRIE R J, GENZER J. Effect of substrate geometry on polymer molecular weight and polydispersity during surface-initiated polymerization[J]. Macromolecules,2008,41(13): 4856-4865.

[220] MORENO J, SHERRINGTON D C. Well-defined mesostructured organic-inorganic hybrid materials via atom transfer radical grafting of oligomethacrylates onto SBA-15 pore surfaces[J]. Chem. Mater. ,2008,20(13): 4468-4474.

[221] KRUK M. Surface-initiated controlled radical polymerization in ordered mesoporous silicas. Isr. J. Chem. ,2012,52(3-4): 246-255.

[222] WANG L,LI F,YAO M,et al. Atom transfer radical polymerization of glycidyl methacrylate followed by amination on the surface of monodispersed highly crosslinked polymer microspheres and the study of cation adsorption[J]. React. Funct. Polym. ,2014,82: 66-71.

[223] TSAREVSKY N V,JAKUBOWSKI W. Atom transfer radical polymerization of functional monomers employing Cu-based catalysts at low concentration: polymerization of glycidyl methacrylate[J]. J. Polym. Sci. , Part A: Polym. Chem. ,2011,49(4): 918-925.

[224] WAN Q,LIU M,TIAN J,et al. Surface modification of carbon nanotubes by combination of mussel inspired chemistry and SET-LRP[J]. Polym. Chem. , 2015,6(10): 1786-1792.

[225] ZHONG M,MATYJASZEWSKI K. How fast can a CRP be conducted with preserved chain end functionality? [J]. Macromolecules, 2011, 44 (8): 2668-2677.

[226] YANG W J,CAI T, NEOH K,et al. Biomimetic anchors for antifouling and antibacterial polymer brushes on stainless steel[J]. Langmuir,2011,27(11): 7065-7076.

[227] ZHANG C, OU Y, LEI W, et al. CuSO$_4$/H$_2$O$_2$-induced rapid deposition of polydopamine coatings with high uniformity and enhanced stability[J]. Angew. Chem. Int. Ed. ,2016,128: 3106-3109.

[228] HUI C M,PIETRASIK J,SCHMITT M,et al. Surface-initiated polymerization as an enabling tool for multifunctional(nano-)engineered hybrid materials[J]. Chem. Mater. ,2014,26(1): 745-762.

[229] AUDOUIN F,BLAS H,PASETTO P,et al. Structured hybrid nanoparticles via surface-initiated ATRP of methyl methacrylate from ordered mesoporous silica [J]. Macromol. Rapid Commun. ,2008,29(11): 914-921.

[230] PASETTO P,BLAS H, AUDOUIN F,et al. Mechanistic insight into surface-initiated polymerization of methyl methacrylate and styrene via ATRP from

ordered mesoporous silica particles ［J］. Macromolecules，2009，42 (16)：
5983-5995.

［231］　张文，叶钢，陈靖. 铀的复合吸附材料[J]. 化学进展，2012(12)：2330-2341.

［232］　WANG J，PENG R，YANG J，et al. Preparation of ethylenediamine-modified
magnetic chitosan complex for adsorption of uranyl ions[J]. Carbohyd. Polym.，
2011，84(3)：1169-1175.

［233］　DONIA A M，ATIA A A，AMER T E，et al. Selective separation of uranium
(Ⅵ)，thorium(Ⅳ)，and lanthanum(Ⅲ)from their aqueous solutions using a
chelating resin containing amine[J]. functionality，2011，32(11)：1673-1681.

［234］　SESSLER J，MELFI P，PANTOS G. Uranium complexes of multidentate N-
donor ligands[J]. Coordin. Chem. Rev.，2006，250(7-8)：816-843.

［235］　VANHORN J，HUANG H. Uranium (Ⅵ) bio-coordination chemistry from
biochemical，solution and protein structural data[J]. Coordin. Chem. Rev.，2006，
250(7-8)：765-775.

在学期间发表的学术论文与取得的研究成果

发表的学术论文

[1] **Yang Song**,[1] Guoyu Wei,[1] Maciej Kopeć, Linfeng Rao, Zhicheng Zhang, Eric Gottlieb, Zongyu Wang, Rui Yuan, Gang Ye, Jianchen Wang, Tomasz Kowalewski, Krzysztof Matyjaszewski. Copolymer-templated synthesis of nitrogen-doped mesoporous carbons for enhanced adsorption of hexavalent chromium and uranium[J]. ACS Applied Nano Materials,2018,1：2536-2543.（共同一作）

[2] JiananZhang,[1] **Yang Song**,[1] Maciej Kopeć, Jaejun Lee, Zongyu Wang, Siyuan Liu, Jiajun Yan, Rui Yuan, Tomasz Kowalewski, Michael R. Bockstaller, Krzysztof Matyjaszewski. Facile aqueous route to nitrogen-doped mesoporous carbons[J]. Journal of the American Chemical Society,2017,139：12931-12934.（共同一作）

[3] **Yang Song**,Gang Ye,Zongyu Wang,Maciej Kopeć,Guojun Xie,Rui Yuan,Jing Chen,Tomasz Kowalewski,Jianchen Wang,Krzysztof Matyjaszewski. Controlled preparation of well-defined mesoporous carbon/polymer hybrids via surface-initiated ATRP assisted by facile polydopamine chemistry[J]. Macromolecules, 2016,49：8943-8950.

[4] **Yang Song**,Gang Ye,Fengcheng Wu,Zhe Wang,Siyuan Liu,Maciej Kopeć,Zongyu Wang, Jing Chen, Jianchen Wang, Krzysztof Matyjaszewski. Bioinspired polydopamine(PDA)chemistry meets ordered mesoporous carbons(OMCs)：A benign surface modification strategy for versatile functionalization[J]. Chemistry of Materials,2016,28：5013-5021.

[5] **Yang Song**, Gang Ye, Yuexiang Lu, Jing Chen, Jianchen Wang, Krzysztof Matyjaszewski. Surface-initiated ARGET ATRP of poly(Glycidyl Methacrylate) from carbon nanotubes via bioinspired catechol chemistry for efficient adsorption of uranium ions[J]. ACS Macro Letters,2016,5：382-386.

[6] **Yang Song**, Gang Ye, Jing Chen, Dachao Lv, Jianchen Wang. Wet oxidation of ordered mesoporous carbon FDU-15 by using$(NH_4)_2S_2O_8$ for fast adsorption of Sr (Ⅱ)：An investigation on surface chemistry and adsorption mechanism[J]. Applied Surface Science,2015,357：1578-1586.

[7] **Yang Song**,Yi Du,Dachao Lv,Gang Ye,Jianchen Wang. Macrocyclic receptors

immobilized to monodisperse porous polymer particles by chemical grafting and physical impregnation for strontium capture: A comparative study[J]. Journal of Hazardous Materials,2014,274: 221-228.

[8] Rong Yi,Yang Song,Chengling Wu,Guoyu Wei,Rui Yuan,Yongming Chen,Gang Ye,Tomasz Kowalewski, Krzysztof Matyjaszewski. Preparation of nitrogen-dopes mesoporous carbon for the efficient removal of bilirubin in hemoperfusion[J]. ACS Applied Bio-Materials,2020,3: 1036-1043.

[9] Jianan Zhang,**Yang Song**,Yepin Zhao,Shuo Zhao,Jiajun Yan,Jaejun Lee,Zongyu Wang,Siyuan Liu, Rui Yuan, Danli Luo, Maciej Kopeć, Eric Gottlieb, Tomasz Kowalewski, Krzysztof Matyjaszewski, Michael R. Bockstaller. organosilica with grafted polyacrylonitrile brushes for high surface area nitrogen-enriched nanoporous carbons[J]. Chemistry of Materials,2018,30: 2208-2212.

[10] Maciej Kopeć,Rui Yuan,Eric Gottlieb,Carlos Abreu,**Yang Song**,Zongyu Wang, Jorge Coelho,Krzysztof Matyjaszewski,Tomasz Kowalewski. Polyacrylonitrile-*b*-poly(butyl acrylate) block copolymers as precursors to mesoporous nitrogen-doped carbons: synthesis and nanostructure [J]. Macromolecules, 2017, 50: 2759-2767.

[11] Fengcheng Wu,Ning Pu,Gang Ye,Taoxiang Sun,Zhe Wang,**Yang Song**,Wenqing Wang,Xiaomei Huo, Yuexiang Lu, Jing Chen. Performance and mechanism of uranium adsorption from seawater to polydopamine inspired sorbents [J]. Environmental Science & Technology,2017,51: 4606-4614.

[12] Yuekun Liu,Xuegang Liu,Gang Ye,**Yang Song**,Fei Liu,Xiaomei Huo,Jing Chen. Well-defined functional mesoporous silica/polymer hybrids prepared by ICAR ATRP technique integratedwith bio-inspired polydopamine chemistry for lithium isotopes separation[J]. Dalton Transactions,2017,46: 6117-6127.

[13] Guowei Wang,Zongyu Wang, Bongjoon Lee, RuiYuan, Zhao Lu, Jiajun Yan, Xiangcheng Pan, **Yang Song**, Michael R. Bockstaller, Krzysztof Matyjaszewski. Polymerization-induced self-assembly of acrylonitrile via ICAR ATRP [J]. Polymer,2017,129: 57-67.

致　　谢

　　读博四年有余,细细回想,有充实,有迷茫,有欢笑,有惆怅。但一路走来,收获了知识、朋友和理想,也非常庆幸自己不曾放弃。过去的时光,遇见了很多人,更要感谢很多人。

　　感谢导师王建晨教授对我的耐心培养。入学以来,无论是研究课题的选择、出国访问,还是从事学生工作,王老师都给予了我足够的支持和宽容。在研究课题的选择上,王老师尊重并支持了我自主选择的研究课题。正因如此,我才能在自己感兴趣的研究方向上努力钻研和积累。在我的研究课题尚没有足够进展的情况下,王老师在犹豫之后还是支持我出国交流,这让我非常感动。出国交流的经历让我收获很多。另外,王老师对我从事学生工作的宽容也让我感激万分。希望自己过去的努力,没有辜负王老师的期望和支持。也希望未来的日子里,王老师的一切都安好。

　　感谢叶钢副教授对我科研上的指导、做人做事上的熏陶和生活上的帮助。在科研方面,叶老师严谨的科学态度、卓越的学术研究能力和严密的思维逻辑等都让我十分敬佩,更成为我努力的一个方向。在做人做事方面,叶老师诚以待人的作风和兢兢业业的态度更让我受益匪浅。此外,叶老师对我生活上的关心和帮助让我十分感激。期待叶老师在科研上取得丰硕的成果,一路高歌,收获更多荣誉。

　　感谢卡内基梅隆大学 Krzysztof Matyjazewski 教授对我科研的指导和熏陶。Kris 对学术研究的热情深深影响了我,他对学术问题的认真和实验细节的严谨也让我学到很多。希望 Kris 尽快收获早该到来的诺贝尔奖。同时,感谢 Krzysztof Matyjazewski 教授课题组的老师和同学对我的帮助。

　　感谢陈靖教授等实验室的老师对我科研上的帮助。感谢吴奉承、周平、陈潜、黄国勇、王继贤、潘建欣、高勇和吴鹏飞等兄弟对我科研和生活上的帮助,忘不了一起奋斗的日子。感谢吕大超、霍晓梅、王文庆、刘少名、易荣、王哲、郁博轩、魏国玉、刘飞、曾珍、浦宁、丽亚和蒋婧婕等实验室兄弟姐妹的关心和帮助。

　　感谢我的父母,是你们的努力和付出换来了我今天的成长。我会用同样的爱回报你们几十年的辛劳与汗水。感谢我的女友刘庭羽,相恋五年多,你的鼓励和不离不弃给了我奋斗和成长的动力。我会努力为我们建立一个温馨的家庭。感谢两位姐姐和两位姐夫对我的体谅和对父母的照顾,让我可以没有后顾之忧,安心奋斗。感谢小外甥和外甥女们给我带来的欢乐,希望你们健康快乐的成长。

最后,感谢生活中遇见的每一位朋友,是你们让我的生活不孤单,精彩不断!